Beate Taudte-Repp

Der Palmengarten

Ein Führer durch Frankfurts grüne Oase

(3., vollständig überarbeitete Auflage)

Mit Fotografien
von Hilke Steinecke, Beate Taudte-Repp,
Johann Kempf und anderen

Alle Angaben in diesem Führer durch den Frankfurter Palmengarten sind auch für die überarbeitete Neuauflage aktuell recherchiert und vor Drucklegung sorgfältig überprüft worden. Trotzdem ist darauf hinzuweisen, dass sich Öffnungszeiten, Telefonnummern und andere Informationen im Lauf der Zeit ändern können, genauso wie die Angaben zu Vorkommen und Standorten einzelner Pflanzen.

Alle Rechte vorbehalten • Societäts-Verlag
© 2012 Frankfurter Societäts-Medien GmbH
© Fotos, siehe Bildnachweis
Satz: Nicole Ehrlich, Societäts-Verlag
Umschlaggestaltung: Nicole Ehrlich, Societäts-Verlag
Druck und Verarbeitung: CPI – Ebner & Spiegel, Ulm
Printed in Germany 2012

ISBN 978-3-942921-73-2

Inhaltsverzeichnis

III: Hinter den Kulissen

IV: Service-Informationen

Alle Jahre neu komponiert wird der Sommerflor am Tropicarium

Grußwort zur 3. überarbeiteten Auflage

Der Palmengarten entstand 1868 als Traum in den Köpfen einiger Frankfurter Honoratioren, wurde rasch Wirklichkeit und zu einer der wichtigsten Attraktionen der Stadt.

Jahr für Jahr hat sich der Garten seither verändert. Damit ist er für Generationen von Besuchern zum Symbol dafür geworden, dass ein großer Gedanke nur bewahrt werden kann, wenn er sich permanent mit der Gegenwart auseinandersetzt und den Bedürfnissen und Utopien der Menschen anpasst.

Der stetige Wandel des Gartens mit seiner langen Tradition in der Erhaltung und Präsentation exotischer wie heimischer Pflanzen erschließt sich nicht jedem der rund 800.000 Besucher im Jahr. Ihnen die Orientierung in der Fülle botanischer Schönheiten und Raritäten sowie der Bildungs- und Kulturangebote zu erleichtern und auch ein Stück Gartengeschichte zu erzählen, war das Anliegen der Journalistin Beate Taudte-Repp, die 2005 den ersten handlichen Palmengarten-Führer seit über 100 Jahren vorgelegt hat.

In der dritten Auflage hält die Autorin abermals den Strom des Wandels an, um eine aktuelle Momentaufnahme zu bieten. Komplett überarbeitet, umfasst der Band die Veränderungen in Schauhäusern und Freiland, die jüngsten Baumaßnahmen sowie neue pädagogische und botanische Projekte.

Auch für uns Mitarbeiter sind die Recherchen für jede Neuauflage ein Anlass, uns zu fragen, was der über 140 Jahre alte Garten alles beherbergt. Dabei staunen selbst „alte Hasen" immer wieder über den Reichtum an Pflanzen und Traditionen, die uns anvertraut sind.

Unsere Aufgabe ist es, diesen Schatz zu behüten und zu mehren, Ihre Aufgabe, liebe Leser, ihn zu bewundern und zu nutzen. Dieses Buch soll Ihnen dabei behilflich sein – zur Vor- und Nachbereitung Ihrer Besuche und vor allem im Garten selbst, dem Tor zur Welt der Pflanzen.

PalmenGarten
Pflanzen. Leben. Kultur.

Dr. Matthias Jenny
Direktor des Palmengartens
der Stadt Frankfurt am Main

Der Garten
und seine
Schauhäuser

Der Palmengarten im Überblick

Die Lage

Der Palmengarten der Stadt Frankfurt liegt mitten im Westend, das mit vielen alten Bürgervillen noch an die Gründerzeit
des 19. Jahrhunderts erinnert. Die himmelstürmenden Wahr-
zeichen der Mainmetropole sind freilich nicht fern. Schon an
der Bockenheimer Landstraße türmen sich moderne Büro-
bauten. Auch mitten im Park erspäht man immer wieder ver-
blüfft die kontrastreiche Kulisse der Großstadt über den
Baumwipfeln, vom „Ginnheimer Spargel", wie der Fernmeldeturm im Volksmund heißt, über den Messeturm bis hin zur
Skyline des Bankenviertels.

22 Hektar umfasst der Palmengarten. Aufgrund seiner reichen botanischen Sammlungen, seiner vielgerühmten Ge-

Wie ein Leuchtturm überragt der Fernmeldeturm die grüne Insel von
Palmengarten, Botanischem Garten und Grüneburgpark

Der Eingang Siesmayerstraße mit dem lichtdurchfluteten
historischen Schauhaus

wächshäuser und der traditionellen Publikumsorientierung
ist er zugleich ein Schau-, Lehr- und Bürgergarten. Pflanzen-
ausstellungen und Kulturveranstaltungen machen den über
140 Jahre alten Park das ganze Jahr über zum Treffpunkt von
Garten- und Pflanzenliebhabern aus dem In- und Ausland.
Familien mit Kleinkindern genießen ihn als Spiel- und Erleb-
nisort, Berufstätige erholen sich hier in der Mittagspause. Mu-
sikfreunde wiederum lockt das einmalige Ambiente zum Kon-
zertprogramm im Grünen.

Mit dem Grüneburgpark und dem Botanischen Garten jenseits der Siesmayerstraße bildet der Palmengarten eine weit-
läufige grüne Insel. Durch die Öffnung des Poelzig-Parks auf
dem Universitätscampus Westend wurde dieser innerstädti-
sche „Grüngürtel" nochmals verlängert. Die 70 Hektar große
Frischluft-Schneise ist aufgrund der vielfältigen Vegetation
und des alten Baumbestands inmitten der dicht bebauten
Stadtlandschaft Frankfurts einmalig.

Palmengarten und Botanischer Garten

Zum 1. Januar 2012 ging der Botanische Garten der Goethe-Universität in städtischen Besitz über und wurde dem Pal-

mengarten angegliedert. In beiden Anlagen hütet Frankfurt nun einen weithin einzigartigen Überblick über die botanische Vielfalt der Erde: mehr als 13.000 Arten im Palmengarten und über 5.000 Pflanzenarten im Botanischen Garten. Die 2011 gegründete „Stiftung Palmengarten und Botanischer Garten" unterstützt beide Einrichtungen (s. S. 136).

Drei Eingänge in die Palmen-Oase

An der Palmengartenstraße befindet sich der älteste Zugang zum Garten. Noch bevor der Besucher die 2012 verlegte Eingangskasse in einem Holzpavillon erreicht, hat er – wie in der Gründerzeit – den famosen Blick auf das historische Blumenparterre, das von zwei Lindenalleen flankiert ist. Dahinter ragt das jüngst umfassend sanierte Gesellschaftshaus in den Himmel (s. S. 33). Dieser Eingang im Süden bietet den schnellsten Zugang von den U-Bahn-Stationen Westend (U6/U7) und Bockenheimer Warte (U4/6/7); das benachbarte Parkhaus ist nur abends und am Wochenende für Besucher zugänglich.

Wer mit dem Auto ankommt, betritt den Garten meist über den von Palmen flankierten Eingang Siesmayerstraße im Osten. Unter dem Eingangsschauhaus (s. S. 16) befindet sich eine Tiefgarage. Außer einer Haltestelle der Buslinie 36 gibt es auch Parkplätze für Reisebusse. Ein weiterer Zu- und Ausgang liegt an der Zeppelinallee im Westen. Kartenbesitzer nutzen ein Drehkreuz, die Kasse ist nur wochenends an besucherstarken Tagen geöffnet.

Stippvisite und Erkundungstour

Die Möglichkeiten, den Palmengarten kennenzulernen, sind so vielfältig wie dessen Besucher. Der Rundgang in diesem Führer beginnt am Eingangsschauhaus Siesmayerstraße und

mäandert zunächst rund ums Palmen- und Gesellschaftshaus, das historische Herzstück des Gartens. Danach werden
die nördlichen Parkareale erläutert. Eiligen Gästen empfiehlt
sich ein Kurzrundgang zu den „Highlights" wie Palmenhaus
und Tropicarium. Sichtachsen in die vielfältige Parklandschaft verführen vielleicht dazu, nach einer Stippvisite für
eine längere Erkundungstour wiederzukommen. Wie auch
immer man Frankfurts artenreichste Grünanlage durchstreift: via Plan, Inhaltsverzeichnis und Register (s. S. 168)
findet jeder schnell alles Wissenswerte über seinen jeweiligen
Standort. Wegweiser helfen ebenfalls zur Orientierung.
Stammgäste und Dauerkartenbesitzer kennen „ihren" Palmengarten sowieso aus dem Effeff ...

Das Tropicarium – eines der „Highlights" im Palmengarten

Das Eingangsschauhaus an der Siesmayerstraße

W er den Palmengarten von der Siesmayerstraße her betritt, sollte einen Moment innehalten und nach oben blicken. 15 Meter hoch ragt das historische Glashaus empor: Es ist die einstige Mittelhalle einer 1906 eröffneten Schauhausgruppe. Das Ensemble wurde 1987 abgetragen; nur der mittlere Teil wurde, um 90° gedreht, als Eingangsschauhaus wieder aufgebaut. Vor grauem genauso wie vor blauem Himmel gibt der lichtdurchflutete gläserne Bau seit 1989 wieder den Blick frei auf seine filigrane Kuppelkonstruktion.

Palmen, wie es der Name verspricht

Den Namensgebern des Gartens wird hier an der Siesmayerstraße gleich dreifach Referenz erwiesen: Meterhohe Palmen geben auf dem Rasen-Oval vor den Eingangstüren einen stimmungsvollen Vorgeschmack auf die exotische Pflanzenfülle im Innern des Gartens. Dauerhaft in den Boden gepflanzt, überstehen diese besonders robusten Hanfpalmen (*Trachycarpus fortunei*) bei günstigem Kleinklima auch mitteleuropäische Winter im Freien. Nur wenn strenger Forst herrscht, wie

Blick vom Rosengarten auf das historische Schauhaus …

… und vom Schauhaus auf das Seerosenbecken

2011 und 2012, erhalten die Palmen einen temporären Winterschutz.

Auf dem Schriftzug „PalmenGarten" überm Portal des Eingangsschauhauses prangt in Grün auch das Signet des Gartens: der stilisierte Wedel einer Palme. Dieses Emblem wird während der warmen Jahreszeit auch in einem Beet mit bunten Blütenpflanzen nachgebildet.

Alles unter einem Dach

In den Flanken des multifunktionalen Eingangshauses befinden sich rechts hinter dem Abgang zur Tiefgarage die Geschäftsstelle der Gesellschaft „Freunde des Palmengartens" (s. S. 150), der für Vorträge genutzte Siesmayer-Saal sowie die „Boutique im Palmengarten", die auch gärtnerisch-botanische Literatur anbietet. Linker Hand sind die Grüne Schule (s. S. 146) und deren Unterrichtsräume sowie die für die Öffentlichkeit nicht zugängliche Bibliothek des Palmengartens und Büros von Mitarbeitern untergebracht.

Das Zentrum des Gebäudes und vor allem sein Obergeschoss werden als Gewächshaus genutzt. Hinter dem Tellerbrunnen führt eine Treppe in die erste Etage. Vier voluminöse Glasvitrinen bergen dort, ebenso mustergültig wie faszinierend gestaltet, eine Auswahl aus zwei berühmten Sammlungen des Palmengartens: Insekten fangende Pflanzen und Bromelien.

Vor allem im Winter finden sich hier auch sehenswerte Kübelpflanzen. Für Rollstuhlfahrer und Kinderwagen gibt es einen Aufzug in diese kleine Wunderwelt exotischer Gewächse.

Insekten fangende Pflanzen und Bromelien

Nach geographischen und pflanzenökologischen Gesichtspunkten geordnet befinden sich in den Schaukästen des Südflügels die „Carnivoren" (oder „Insectivoren"). Informationstafeln erläutern die raffinierten Methoden, mit denen diese Insekten fangenden Pflanzen ihre tierische

Insektenfänger der Gattung
Heliamphora

Kost anlocken und verdauen, um sich an kargen Standorten mit lebenswichtigen Nährstoffen zu versorgen. Die berühmte Venusfliegenfalle *(Dionaea muscipula)* aus Nordamerika bildet eine Klappfalle aus, während viele Arten von Sonnentau *(Drosera)* aus Südafrika oder Australien mit einer Klebfalle ausgerüstet sind. Die Gattung Wasserschlauch *(Utricularia)* ernährt sich dank Saugfallen. Gleitfallen besitzen die Kannenpflanzen *(Nepenthes)*, die in der Alten Welt beheimatet sind.

Aus der Neuen Welt stammen die Schlauchpflanzen,

von denen die Gattungen *Sarracenia* und *Heliamphora* zu sehen sind.

In den Vitrinen des Nordflügels werden Bromelien vorgestellt. Sie bieten eine Auswahl der reichen Sammlungen dieser auch Ananasgewächse genannten Pflanzenfamilie, die der Palmengarten seit seinen Anfängen kultiviert. Im Tropicarium ist den aus Süd- und Mittelamerika stammenden Pflanzen mit dem Bromelienhaus (s. S. 85) ein eigener Schauraum gewidmet.

Naturnah gestaltet: die Bromelien-Vitrine

Mehr als fünf Dutzend Gattungen umfassen die Bromeliengewächse. In einer Vitrine werden vor allem Tillandsien gezeigt, die mit etwa 500 Arten die größte Gattung darstellen. Sie sind meist Epiphyten, also Aufsitzerpflanzen, die nicht im Erdreich, sondern auf Bäumen wurzeln. Die bekannteste Art der nach dem finnischen Botaniker E. Tillands (1640–1693) benannten Gattung ist das Louisiana-Moos (*Tillandsia usneoides*). Eine zweite Vitrine zeigt unter anderem Bromelien der Gattung *Hechtia* aus der Dornbuschsteppe Mexikos.

Palmen, Schlaf- und Amberbäume

Das Brunnenbecken auf dem Vorplatz ist mit Seerosen überzogen. In der warmen Jahreszeit empfangen den Besucher hier stattliche Palmen in Kübeln wie *Washingtonia* oder *Phoenix*. Flankiert wird dieses Freiluft-Foyer von Beeten für kunstvolle saisonale Wechselpflanzungen. Ringsum wie im nahen Senkgarten (s. S. 45) gedeihen wärmeliebende Judas- und Schlafbäume (*Cercis siliquastrum* und *Albizia julibrissin*).

Vier Amberbäume (*Liquidambar styraciflua*) grenzen den Platz zur Hauptallee und zum Rosengarten hin ab. Im südlichen Nordamerika heimisch, verfärben sich diese Gehölze im Herbst prachtvoll gelb und rot.

Lässt man den Blick von hier aus in die Weite schweifen, wird das Motto des Palmengartens als „Tor zur Welt der Pflanzen" ganz sinnlich nachvollziehbar: Der Besucher hat eben den floralen Kosmos des Siesmayerschen Parks betreten.

Der Rosengarten und
Haus Rosenbrunn

Die Präsentation von Rosen hat eine lange Tradition im Palmengarten. Schon 1869 kamen mit den Pflanzenschätzen aus den Biebricher Gärten in Wiesbaden (s. S. 130) auch Rosen nach Frankfurt. Damals handelte es sich vor allem um Topf- oder Schnittrosen, die man in den Gewächshäusern zog. Bei der ersten Blumenschau 1870 sollen bereits 2.000 Rosen geblüht haben.

Ein Rosarium im Freiland, wie es damals vielerorts in Adelsgärten üblich war, gab es allerdings erst seit 1886. Zweimal wurde dieser Rosengarten neu angelegt, 1926 und Anfang 1960. Ein Vierteljahrhundert später erhielt er bei der Umgestaltung des Palmengartens seinen aktuellen Standort gegenüber dem Eingangsschauhaus. Zuvor hatte hier das alte Betriebsgebäude gestanden. Da der Boden üppig be-

Der Rosengarten in voller Blüte

pflanzter Rosengärten stark beansprucht wird, ist das Erdreich, wie Gärtner sagen, nach etwa 25 Jahren meist ermü-
det. 2007/8 wurde deshalb bereits das Rosenparterre komplett erneuert.

Zur Trauung ins Haus Rosenbrunn
1988 beim 1. Europäischen Rosenkongress eröffnet, ist das
Rosenparterre mit Springbrunnen im historischen Rückgriff
auf die Gründerzeit streng geometrisch gestaltet. Im Zentrum
der Beete, deren Ensemble an die formalen Gärten der Renaissance und des Barock erinnert, erhebt sich Haus Rosenbrunn.
Dieser klassizistisch anmutende Pavillon wurde eigens für
diesen Themengarten aus Architekturteilen des abgerissenen
Werkstattgebäudes von 1882 errichtet. Im Innern befindet
sich der historische Tiefbrunnen, aus dem bis heute Wasser
geschöpft wird. Auch für Ausstellungen, Lesungen und Empfänge (s. S. 119) nutzt man das repräsentative und doch intime
Haus Rosenbrunn. Hochzeitspaare können sich hier sogar
standesamtlich trauen lassen.

Bodendeckerrose 'Palmengarten Frankfurt'

Steinfiguren symbolisieren die Jahreszeiten

Hinter dem Pavillon schließt eine lauschige, von Rosen über-
rankte Pergola das Geviert gen Westen ab. Hier entdeckt man
zwei steinerne Figuren, die die Jahreszeiten Sommer und
Herbst symbolisieren. Eine weitere, den Frühling darstellende
Skulptur steht unter den Bäumen jenseits des Wegs in Richtung Weiher. Wie die auf brusthohen Sockeln postierten Mar-
morvasen und ein „Pluto" nahe der Villa Leonhardi stammen
die Figuren aus dem Besitz der Familie Rothschild, die sie dem
Garten 1892 zum Geschenk machte.

Bei der jüngsten Sanierung des Rosengartens hat man die
symmetrisch gegliederte Struktur der Anlage beibehalten,
die gesamte Erde aber 80 cm tief ausgewechselt. Alle Beete
wurden mit Buchsbaum eingefasst, die Wege mit Natur-
steinplatten gepflastert. Überdies erhielt das Ensemble
eine stimmungsvolle Beleuchtungsanlage.

Die rund 50 neu gepflanzten Rosen-Sorten lassen eine
subtile Farb-Regie erkennen, die zum harmonischen Ge-
samtbild beiträgt. Schon am Hauptweg findet der Besucher
ein breites Band der rosa blühenden Bodendecker-Rose
'Palmengarten Frankfurt'. Verschiedene Sorten in kräfti-
gem Gelb leuchtender Strauchrosen flankieren das Parterre. In den zentralen Beeten, die von 'Red Leonardo da
Vinci' mit ihren dichtgefüllten roten Blüten eingefasst sind,
hat man Sorten wie 'Happy Wanderer' oder 'Princess of Wa-
les' gepflanzt. Ihr roter und weißer Flor ist auch eine Hommage an die Farben des Frankfurter Stadtwappens.

Buchsbäumchen und Salbei

Hochstämmchen wie 'Aspirin' oder 'Roter Korsar' sowie
untergemischter sattblauer Salbei (*Salvia nemorosa*) verleihen dem Rosengarten eine heitere Atmosphäre. An den
Beetecken ragen hie und da kugel- oder pyramidenförmig
beschnittene Buchsbäumchen aus dem Blütenmeer. Ein
zentrales Wasserbecken mit kleiner Fontäne, die Roth-

schildschen Amphoren und stilvolle Holzbänke sorgen ebenfalls für ein klassisches Gepräge der Anlage.

Rund um Haus Rosenbrunn wurden in Rosé und Magenta blühende Rosen angepflanzt. Die Sorte 'Dolly' behält ihren Flor oft bis in den Winter. Hinter dem Pavillon schwelgen die Beetrosen in Gelb, Orange und Apricot. Die Säulen der romantischen Pergola sind mit Kletterrosen wie 'Kir Royal' oder 'New Dawn' berankt. Zur Hauptblütezeit im Juni bieten sie einen alle Farbtöne umfassenden Flor.

Die Rosen-Pergola mit der Figur des Herbstes

Duft-Beet mit Orangenblume

Ein Duft-Beet am Rand des Gevierts will mit Strauchrosen wie 'Belvedere', 'Rokoko' oder 'Sophie Scholl' nochmals intensiv den Geruchssinn stimulieren. Rund um den Tellerbrunnen am Weg zur Palmenhaus-Galerie gelegen, umfassen die Beete auch aromatische Kräuter wie Lavendel. Im Frühjahr leuchten gelbe Narzissen, bald darauf entfaltet die immergrüne Mexikanische Orangenblume (*Choisya ternata*) ihre nach Zitrus duftenden Blüten. Sommers mischt sich z. B. der Flor von Fetthenne (*Sedum*), Schafgarbe (*Achillea*) oder Frauenmantel (*Alchemilla*) unter die Duftrosen.

Das Rosen- und Lichterfest

Jedes Jahr Mitte Juni findet das größte Open-Air-Ereignis des Palmengartens statt: das Rosen- und Lichterfest, das seit 1932 gefeiert wird. Das drei- bis viertägige Programm umfasst eine Rosenschau und vielfältige Informationen rund um die Königin der Blumen ebenso wie Konzerte, Lesungen, Kinderaktionen und Führungen. Den Höhepunkt des Lichterfests bilden ein Feuerwerk und die Illumination des nächtlichen Palmengartens mit Tausenden von Teelichtern.

Romantisch: Illuminationen beim Rosen- und Lichterfest

Das Palmenhaus und die Galerie

D as Palmenhaus ist nicht nur das berühmteste und älteste Bauwerk des Frankfurter Palmengartens; es wurde seinerzeit auch zum Vorbild für ähnliche Glaspaläste in Deutschland. Heinrich Siesmayer, dem Schöpfer des Gartenreichs, zufolge sollte der Wintergarten für exotische Pflanzen zugleich ein Ort des Vergnügens sein. In Friedrich Kaysser fand man den Architekten, der das Ensemble Gesellschafts- und Palmenhaus entwarf. Die immense Eisenkonstruktion schuf er nach einem Patent der Pariser Weltausstellung von 1867. Dabei wurden erstmals Träger im Innern der Halle vermieden. Die Scheitelhöhe beträgt 18,5 m, die Länge 52,6 m, die Breite 30,5 m. Bis heute zählt das Palmenhaus mit ca. 1.600 m² Grundfläche zu den größten Flora-Bauten in Europa.

1868 begonnen, wurde das zukunftsweisende Bauwerk Ende 1869 von Ferdinand Xaver Heiss, dem ersten Garteninspektor, mit tropischen Gewächsen bepflanzt. Heiss soll auch der Namensschöpfer der grünen Oase gewesen sein, die fortan als „Palmengarten" zum Treffpunkt der Gesellschaft wurde. Bereits 1870 kam eine erlesene Schar zusammen, um bei einem Konzert die neue Attraktion in Augenschein zu nehmen; kurz darauf lockte die erste Blumenausstellung das Frankfurter Publikum an.

Blick auf die Terrasse im Innern des Palmenhauses

Pflanzenwachstum und Klima

Wie kein anderes Schauhaus behielt das Palmen-Palais bis heute seine einstige Gestalt; innen wurden infolge moderner technischer Entwicklungen neue Heizungs- und Benebelungssysteme installiert, die das Klima regulieren. Von Zeit zu Zeit sind auch Pflanzen auszuwechseln – schon wegen des Höhenwachstums einiger Arten, die sonst das gläserne Dach durchbrechen würden. Wie im Tropicarium (s. S. 63) wird hier biologische

Mitten in Frankfurt: ein dichter Dschungel unter Glas

Schädlingsbekämpfung betrieben, denn das besondere Klima fördert stets Pflanzenschädlinge.

Winters wird das Glashaus geheizt, tagsüber auf 17 Grad, nachts auf 13 Grad. Eine Sprühnebel-Anlage sorgt für eine konstante Luftfeuchtigkeit von etwa 65 %. Wer kurz nach einem „Urwald-Regen" das Haus betritt, sollte auf das geisterhafte Tropfen im stillen, grün-milchigen Dämmerlicht lauschen, wie es einst Dolf Sternberger tat. Zum 100. Geburtstag des Palmengartens würdigte der Politologe und Publizist das „exotische Wunderreich" mit ganz persönlichen Impressionen.

Durch die feuchte Wärme indes ist die Eisenkonstruktion immer wieder vom Rost bedroht. Die letzte Sanierung erfolgte 1998/99, sodass sich der ehrwürdige Glaspalast zur Feier der Jahrtausendwende in Bestform präsentierte – und wieder in grüner Farbe wie zu Anfang. Dank der erfahrenen Palmengärtner überstanden die empfindsamen Exoten wohlbehalten die Renovierung. Zur Finanzierung der immensen Kosten trug auch die „Aktion zur Rettung des Palmenhauses" bei: Wie 130 Jahre zuvor bei der Garten-Gründung hatten sich Bürger und Unternehmen Frankfurts zu einem noblen Spendenkomitee für den Erhalt des Baudenkmals verbündet.

Gespenstisches Tropfen: Tropenregen im Palmenhaus

Ein veritabler Dschungel bietet sich dem Besucher, durch welchen Eingang auch immer er das historische Palmenhaus betritt: grünes Blattwerk in allen nur erdenklichen Formen, vom Boden bis unters Glasgewölbe in schwindelnder Höhe. Anders als im Tropicarium, dessen Häuser nach geographischen Klimazonen geordnet sind, wachsen im Palmenhaus vor allem Pflanzen der feuchten Tropen; einige stammen auch aus den Subtropen, also den Übergangszonen zu unseren gemäßigten Breiten.

Die schönste Sicht auf den kunstvollen Urwald bietet sich von der großen Terrasse aus, dem stilvollen Übergang zwischen Gewächs- und Gesellschaftshaus. Die sorgsam restaurierte Fassade des Festsaals im Rücken, entdeckt der Besucher als Erstes – natürlich Palmen, die Namensgeber des Hauses. Insgesamt gibt es allein in dieser historischen Flora mehr als 40 Palmen-Arten aus fast allen Kontinenten zu sehen. Das Spektrum reicht von Sabalpalmen (*Sabal palmetto*) aus dem Südosten Nordamerikas über asiatische Fischschwanzpalmen (*Caryota*) bis hin zu australischen Kentien (*Howea forsteriana*). Besonders markant sind z. B. *Livistona rotundifolia* aus Südostasien oder *Syagrus romanzoffiana* aus Südamerika.

In den Mittelmeerländern beheimatet sind die mehrstämmigen, vergleichsweise kleinwüchsigen Zwergpalmen (*Chamaerops humilis*); ferner findet man Kanarische Dattelpalmen (*Phoenix canariensis*), deren Früchte freilich nur als Viehfutter dienen. Noch aus der Frühzeit des Gartens im 19. Jahrhundert stammt eine der Chinesischen Hanfpalmen (*Trachycarpus fortunei*): Im Vergleich zu ihren stattlichen Verwandten vor dem Eingangsschauhaus ist es ein überraschend dünnstämmiges, wenn auch sehr hohes Exemplar links neben der Tür zur Galerie Ost. Wie die meisten Pflanzen im Tropendschungel ist sie beschildert.

Weitere Palmen-Arten sind im Tropicarium (s. S. 63) sowie auf einem windgeschützten, sonnigen Versuchsbeet hinter dem Schauhaus-Komplex (s. S. 90) zu sehen. Im Sommer findet man auch vielerorts im Freiland Palmen – in

Riesige Blätter der Bananenstauden

eben noch transportierbaren voluminösen Kübeln, die den Winter unter Glas verbringen müssen.

Palm- und Baumfarne

Ähnlich im Wuchs, aber entwicklungsgeschichtlich weitaus älter als Palmen sind Palmfarne, die als lebende Fossilien gelten. Wie Nadelbäume sind sie Nacktsamer.

Im Palmenhaus entdeckt man z. B. eine *Ceratozamia robusta* aus Mexiko. Ihre gefiederten, ledrig-steifen Wedel spreizen sich aus dem Schopf kräftiger, rundlich verdickter Stämme.

Baumfarne wiederum, die in subtropischen Gebirgen bis zu 20 m hoch werden, sind die größten Vertreter der Farne, die ebenfalls eine sehr alte Pflanzengruppe darstellen. Am Querweg über den Bachlauf fällt eine hochstämmige *Cyathea australis* auf; ihr botanischer Name verweist auf die Herkunft. Ein weiterer Vertreter der Baumfarne ist *Dicksonia antarctica*, die in Australien und Tasmanien heimisch ist. Außer hier und im Tropicarium ist sie sommers im Freiland zu bestaunen (s. S. 46).

Niedrige Streifenfarne (*Asplenium*) sowie *Cyrtomium falcatum* oder *Didyomochlaena truncata* konkurrieren mit dem filigran gefingerten Laub der Strahlenaralie (*Schefflera*). Für Blütenschmuck sorgen unter anderem Flamingo-Blumen (*Anthurium*). Die hauseigene Gärtnerei (s. S. 143) pflanzt hier überdies im Wechsel Bromelien und Orchideen aus den artenreichen Sammlungen aus.

Bananen, Strelitzien und zwei Kakadus

An der nördlichen Seite des Gewächshauses erhebt sich ein Hügel, aus dem ein Wasserfall entspringt. Die Aussichtsplattform darüber ist beidseitig über Steintreppen zu erreichen und gibt den Blick in die Wipfel frei. Zwischen Palmenwedeln in allen Variationen erkennt man riesige Bananenstauden (*Musa*) an den langen Blättern mit der typischen dicken Mittelrippe. Ihre aus den Blattscheiden gebildeten Schein-stämme glänzen wie poliert. Regelmäßig reifen hier Bananen heran.

Mit den beliebten Fruchtspendern verwandt ist die Gattung *Strelitzia*. Wegen der ähnlichen meterlangen Blätter werden sie von Laien oft mit Bananenstauden verwechselt. Von den in Afrika beheimateten immergrünen Strelitzien mit ihren raffinierten schnabelartigen Blüten zeigt das Palmenhaus drei Arten: Die kleinste, wenn auch bekannteste ist die Paradiesvogelblume (*Strelitzia reginae*). Bis zu zehn Meter hoch werden *Strelitzia nicolai* und *S. alba*.

An der Brüstung des Balkons wächst im Wettstreit mit ausladenden *Phoenix*-Palmen und einigen *Ficus*-Arten auch eine *Monstera* als Vertreterin kletternder Aronstabgewächse (Araceae).

Krächzender Palmenhaus-Bewohner: einer der beiden Kakadus

Hier oben findet der Besucher endlich auch die Verursacher jenes durchdringend-heiteren Gekrächzes, das mit dem Plätschern des Wasserfalls für die akustische Untermalung des Dschungelbilds sorgt: In einem Käfig hocken zwei Gelbhauben-Kakadus. Das Bassin unter der Kaskade ist von Koi-Karpfen und Goldfischen bewohnt; in das Becken mündet der kleine Bachlauf, der sich von der Terrasse her durchs Palmenhaus schlängelt. Seine Ufer sind mit zierlichem Moosfarn (*Selaginella kraussiana*) bewachsen. Unter dem Hügel betritt man eine Grotte mit Aquarien voller exotischer Fische und Wasserpflanzen.

Galerie am Palmenhaus

Im Osten, Norden und Westen ist das Palmenhaus von einer zweiflügeligen Galerie umgeben. Die lichtdurchflutete Glaskonstruktion, die überall Ausblicke in den Garten gewährt,

bietet einen reizvollen Rahmen für wechselnde Ausstellungen (s. S. 112). Der Haupteingang liegt gegenüber dem Rosengarten. Er führt über ein Foyer in die zwei Galerie-Bereiche Ost und West, über die man jeweils auch ins Palmenhaus gelangt. Die Raum-Konzeption bietet die Möglichkeit, beide Hallen separat zu nutzen.

Schon in der Frühzeit des Gartens hatte es eine „Blütengalerie" gegeben. Eine 1962 eröffnete neue Galerie zeigte ganz zeittypisch zuviel Beton und bot Pflanzen wie Menschen nicht genug Licht. 20 Jahre später folgte daher der Umbau der Ausstellungshallen in Form sechs Meter hoher gläserner Halbtonnen. Die Fläche vergrößerte sich damit auf ca. 1.200 m².

Die Ausstellung „1.000 und ein Öl"

Prachtstauden-Beete
Vor dem Haupteingang der Galerie, wo Wege in alle Gartenteile abzweigen, lassen sich in der warmen Jahreszeit dekorative Prachtstauden bewundern. Die Vielfalt umfasst Rittersporne, Phloxe und Lupinen ebenso wie Sonnenhut, Chrysanthemen und Astern. Sie harmonieren feinsinnig mit Strauchrosen wie 'Lichtkönigin Lucia', 'Frühlingsgold', 'Heinrich Siesmayer', 'Pat Austin' oder 'Schneewittchen', die den Übergang zum Rosengarten markieren.

Das Gesellschaftshaus und das Blumenparterre

Von Anfang an diente das Ensemble Palmen- und Gesellschaftshaus einem doppelten Zweck: Einerseits wollte man einen geschützten Hort für die außergewöhnlichen Pflanzen aus den Biebricher Wintergärten errichten. Andererseits sollte die „Flora" gleichsam auch Salon für die gehobene Bürgerschaft sein. Wie in Frankfurts Zoologischem Garten war die naturwissenschaftliche Neugier mit der Lust an Musik- und Tanzveranstaltungen gepaart. Deshalb erhielten die beiden von Bürgern geschaffenen Gärten repräsentative Domizile, die an die Schlösser inmitten fürstlicher Parks erinnerten. Anders aber als die Gärten des Adels standen Palmengarten und Zoo den Bürgern offen – auch wenn sich bei den legendären Bällen und Soireen im Gesellschaftshaus vor allem die *Crème de la Crème* der wohlhabenden Handelsstadt ein Stelldichein gab.

Das 2012 wieder eröffnete Gesellschaftshaus mit dem kleeblattförmigen Wasserbecken

Gesellschaftshaus

Den ersten, 1870 vollendeten Saalbau hatte wie das Palmenhaus der Architekt Friedrich Kaysser gestaltet. Samt seiner „im sogenannten neugriechischen Style gehaltenen Facade" brannte das Haus im August 1878 bis auf die Grundmauern nieder – kurz zuvor war eine Gasbeleuchtung installiert worden. Binnen zwei Wochen erfolgte bereits die Ausschreibung für den Wiederaufbau. Der Architekt Heinrich Theodor Schmidt gewann ihn und errichtete ein noch stattlicheres Palais, unter Rückgriff auf die „Formen der deutschen Renaissance in malerischer Gruppierung, mit Aussichtsturm und Erkern", wie es damals hieß.

Schon im November 1879 wurde das Haus wieder eröffnet. Das Herzstück bildete der Festsaal mit der Terrasse als Entree zum Palmenhaus. Durch die verglasten Türen und Fenster fiel das Licht aus dem Pflanzendschungel in den herrschaftlichen Vergnügungssaal, der von einem 16 m hohen Tonnengewölbe überspannt ist. Zur imposanten Raumwirkung kam die reiche Innenausstattung des Architekten Friedrich Thiersch. Die ornamentalen Wand- und Deckengemälde stammen von dem Frankfurter Maler Eugen Johann Georg Klimsch. 1898 wurde das Haus erstmals renoviert und erhielt eine elektrische Beleuchtung.

Das Gesellschaftshaus auf einer Postkarte Anfang des 20. Jahrhunderts

Ende des Ersten Weltkriegs beschlagnahmte das Militär den Schmuckbau. Im Freiland wurden bis weit in die Nachkriegszeit Kartoffeln und Gemüse für Krankenhäuser angebaut. Wirtschaftskrise und Inflation brachten die den Garten betreibende Aktiengesellschaft mehr und mehr in finanzielle Nöte. Die Stadt half immer häufiger mit Zuschüssen, bis der Garten schließlich 1931 in kommunalen Besitz überging (s. S. 132).

Schon zuvor war unter der Ägide des Architekten und Stadtplaners Ernst May das Gesellschaftshaus umgebaut worden. May gilt als Schöpfer des „Neuen Frankfurt". Zwischen 1925 und 1930 schuf der Baustadtrat sieben Wohnsiedlungen, darunter die Römerstadt. Sie erfüllten die der Funktionalität verpflichteten Ideale des „Neuen Bauens", wie es damals vom Bauhaus in Weimar propagiert wurde. So präsentierte sich auch das Gesellschaftshaus nach Renovierung und Erweiterung durch einen Anbau ganz im Stil der Zeit: Unter Federführung des Architekten Martin Elsässer war aller gründerzeitlicher Pomp verschwunden, die Südfassade prangte in schlichter weißer Sachlichkeit. Weitere Umbaupläne Mays wurden aufgrund von Geldmangel nicht realisiert.

Die Amerikaner im Palmengarten

Im Zweiten Weltkrieg blieb auch der Westend-Park nicht von Zerstörungen verschont. Während der Bombardierungen Frankfurts 1944 wurde der Westflügel des Gesellschaftshauses getroffen und brannte aus. Bei Kriegsende beschlagnahmten die Amerikaner das Gelände als „Recreation Center" für ihre Besatzungstruppen; im Prachtbau eröffnete das amerikanische Rote Kreuz einen „Palmengarten Club".

Zu einer Weihnachtsfeier 1946 wurden nur Kinder aus dem zerstörten Frankfurt eingeladen. In den folgenden Jahren durfte die Stadt im Festsaal manchmal Veranstaltungen ausrichten, darunter einen Mode- und einen Film-Ball mit internationalen Gästen und Berühmtheiten jener Zeit. Obwohl der Garten nach und nach wieder in städtische Regie überging, gaben die Amerikaner das Gesellschaftshaus erst 1953 an die Kommune zurück. Bei der Sanierung 1954 verbannte man die

prächtigen Gemälde im Festsaal unter eine schnöde Wandver-
kleidung.

Schließung und Sanierung

Nach Jahrzehnten, in denen das Gesellschaftshaus als belieb-
ter Veranstaltungsort bewirtschaftet worden war, wurde zunächst das Palmenhaus samt Terrasse stilvoll restauriert. Für
das Traditionshaus ordnete die städtische Bauaufsicht wegen
veralteter technischer Anlagen und Sicherheitsmängel die
Schließung an. Zwischen 2009 und 2012 erfolgte die aufwen-
dige Sanierung. Das Projekt nach Plänen des Architekturbü-
ros von David Chipperfield war die schwierigste Umbau-Maß-
nahme seit der Modernisierung in den 1930er Jahren. Mit der
Verlegung des Eingangs wurde das Blumenparterre zur halb-
öffentlichen Anlage. Dahinter erhebt sich die strahlendweiß
leuchtende Süd-Fassade des Hauses, deren streng kubische
Bauhaus-Architektur nun wieder klar zu Tage tritt.

Moderne Technik im restaurierten Festsaal

Herzstück des Sanierungsprojekts war der Festsaal, der sich
nach sorgsamer Restaurierung in seinem ursprünglichen

Glanzstück der Sanierung: der historische Festsaal

Glanz präsentiert – mit der historischen Decken- und Wandbemalung, mit Oberlicht, Galerie, Kronleuchtern und Parkettboden. Der Saal wurde mit einer Hebebühne, mit moderner Multimediatechnik sowie neuen Licht- und Tonanlagen ausgestattet, so dass er für Bälle, Konzerte und andere Veranstaltungen nutzbar ist. Der Emporensaal und vier weitere Banketträume bieten Platz zur Vermietung an kleinere Gesellschaften. Mit dem Palmensaal, der einen schönen Blick auf den Großen Weiher bietet, bekommt auch der Garten selbst einen neuen repräsentativen Veranstaltungsort. Auf den gen Süden orientierten Terrassen im Erd- und im Obergeschoß können Gäste die Aussicht auf das historische Blumenparterre genießen. Die

Sorgt wie zur Gründerzeit für festliches Licht

Pächter des Gesellschaftshauses betreiben auch ein neues Restaurant im altehrwürdigen Bau.

Das Blumenparterre

Für seine Schmuckbeete war der Palmengarten einst in ganz Deutschland berühmt, und das bei der Konkurrenz all der Schlossgärten und Kurparks zwischen Nordsee und Alpenrand. Im Laufe der Jahrzehnte diktierte auch der jeweilige Gusto der Zeit viele Veränderungen im Park. Das vom Gartenschöpfer Siesmayer entworfene Blumenparterre vorm Gesellschaftshaus indes vermittelt mit Teppichbeeten, kleeblattförmigem Wasserbecken und Fontäne noch immer ein wenig Gründerzeit-Flair.

Zwei Linden-Alleen flankieren das historische Geviert. Die phantasievolle Wechselbepflanzung des Blumenparterres zeigt die traditionsreiche Kunst der Palmengärtner, Blüten- und Blattpflanzen zu Ornamenten zu arrangieren – mal quietsch-bunt, mal im harmonischen Dialog nur zweier Farben. Für pittoresken Flor sorgen hier oft Indisches Blumenrohr (*Canna indica*-Hybriden), rotglühender Feuersalbei (*Salvia splendens*), lavendelblaues *Heliotropium arborescens* und filigrane Gräser in allen Variationen.

Neuer Eingang im Südwesten

Im Zuge der Sanierungsarbeiten musste der Süd-Eingang von der Palmengartenstraße her ein Stück nach Westen verlegt werden. Die Kasse befindet sich nun in einem hölzernen Pavillon links neben dem Gesellschaftshaus. Wer schon im Garten ist und z. B. vom Kleinen zum Großen Weiher spazieren will, gelangt jetzt durch ein Drehkreuz am Kugelbrunnen (s. S. 40) zum Blumenparterre. Anschließend passiert er den neuen Eingang Süd, um in den Park zurückzukehren. Eilige Besucher, die nach Palmen- und Gesellschaftshaus gleich das Tropicarium (s. S. 63) besuchen wollen, haben die Wahl: Der schnellste Weg verläuft östlich des Bauwerks mit Blick auf den Kleinen Weiher. Diese Route wird in den folgenden beiden Kapiteln erläutert. Die zweite Variante führt westlich am Palmenhaus vorbei und lädt auch zu einem Rundgang um den Großen Weiher ein (s. S. 48).

Kleiner Weiher, Musikpavillon und Asien-Beet

Seit 2012 verläuft ein Zaun zwischen dem Blumenparterre und jenem Areal, das der musikalischen Tradition des Palmengartens gewidmet ist. Von der Freiluft-Bühne aus bietet sich ein Rundgang um den Kleinen Weiher an. An der Gartengrenze zur Siesmayerstraße befindet sich eine erst jüngst geschaffene Asien-Anlage.

Musikpavillon

Die Musik spielte schon in den Gründerjahren eine wichtige Rolle im Palmengarten. Das Programm wurde seither stetig erweitert (s. S. 117). Der Musikpavillon hat nicht weniger als fünf Vorläuferbauten, die allesamt von Gönnern des Gartens gestiftet wurden. 1872 ließ Heinrich Siesmayer den ersten „Musiktempel" errichten, der 15 Jahre später einem Neubau wich.

Bühne im Grünen: Hier finden von Mai bis September Open-Air-Konzerte wie die berühmte Reihe „Jazz im Palmengarten" statt

1898 folgte eine „Konzertmuschel", die drei Jahrzehnte bespielt wurde. Im Mai 1935 begann die Musiksaison auf einer abermals neuen Bühne. Noch im Zweiten Weltkrieg wurde hier musiziert, das letzte Konzert fand am 21. August 1944 statt, bevor der Bau im Bombenhagel über Frankfurt niederbrannte. Erst fünf Jahre später wurde wieder ein Konzert-Podium errichtet. Ende der 1980er Jahre erhielt die Freiluft-Bühne ihren heutigen Platz. Seit 2012 ist sie bei Abendveranstaltungen auch direkt von der Palmengartenstraße aus zugänglich.

Kugelbrunnen

Nicht nur technisch begeisterte Besucher stehen staunend vor diesem Wasserkunstwerk. Das verblüffende Spiel mit Schwerkraft und Hydraulik hat 1989 Christian Mayer entworfen. Die

Kugel aus Granit hat einen Durchmesser von 1,05 m. Allein durch Wasserdruck schwimmt sie mit ihren 1,8 Tonnen nass glänzend in der passgenauen Vertiefung des Sockels. Der Wasserdruck beträgt nur 0,6 bar, hebt aber die Steinkugel um Bruchteile eines Millimeters.

Kleiner Weiher

An einen englischen Landschaftsgarten erinnert der Park rings um diesen Weiher. Schon auf Siesmayers Plänen ist er kunstvoll ins

Verblüffende Wasserkunst

Gelände eingebettet. Ein Weg überquert das 3.000 m² große und ein Meter tiefe Gewässer. Zwischen der kleinen Anhöhe und dem Musikpavillon befand sich in der Frühzeit das „Hochzeitsgärtchen", in dem ehrgeizige Mütter ihre heiratsfähigen Töchter und Söhne zusammenführten.

Wegen des alten Baumbestands mit seinen dichtbelaubten, ausladenden Kronen, wird das stille Refugium rund um den Weiher auch gerne „Schattengarten" genannt. Hier lassen sich stattliche Exemplare von Einblättriger Esche (*Fraxinius excelsior* 'Diversifolia'), Traubeneiche (*Quercus petraea*), Sommer- und Krimlinde (*Tilia platyphyllos* und *T. euchlora*) sowie andere Baum-Veteranen bewundern. Zu entdecken sind auch eine Himalaja-Zeder (*Cedrus deodara*), der Blauglockenbaum (*Paulownia fargesii* x *tomentosa*) aus China und die ebendort heimische immer-

Im Frühling blüht am Kleinen Weiher die Higan-Kirsche (*Prunus subhirtella* 'Pendula')

grüne Eiche *Quercus phillyreoides*. Mehrere Exemplare der immergrünen *Magnolia grandiflora* wachsen am Kugelbrunnen.

Wenn unter noch kahlen Bäumen Krokusse und andere Frühjahrsgeophyten ein buntes Blütenmeer bieten, lässt sich die feine Komposition dieses Gartenareals gut erkennen. Bald darauf blühen an der Aussichtsterrasse des Weihers Higan-Kirsche (*Prunus subhirtella* 'Pendula') und Tulpen-Magnolie (*Magnolia* x *soulangiana*). Im Sommer fasziniert der Flor des chinesischen Taubenbaums (*Davidia involucrata*): Das auffällige weiße Hochblatt der Blüten gab ihm auch den Namen „Taschentuchbaum". Am Ufer stehen zwei Mammutblatt-Stauden (*Gunnera tinctoria*) aus Chile mit ihren riesigen tiefge-lappten Blättern. Im Herbst fällt hier ein seltener Osa-gedorn (*Maclura pomifera*) auf: Der nordamerikanische Baum trägt bizarre gelbgrün-genoppte Früchte. Nahe der Café-Terrasse und der im seichten Uferbereich wurzeln-den Sumpfzypressen (*Taxodium distichum*) öffnet sich dem Besucher ein faszinierender neuer Themengarten.

Asien-Beet

Die 2010 gestaltete Anlage bietet einen Blick in die Pflanzen-welt des Himalaja und angrenzender gemäßigter Zonen. Das überaus artenreiche, schlicht „Asien-Beet" genannte Areal umfasst auf rund 300 m² schattige und sonnige Lebensberei-che für seltene Stauden und Gehölze. Dafür wurde es mit Ge-steinsbändern aus rötlichem Granodiorit terrassiert.

Die Taglilie *Hemerocallis middendorffii*

Blau, so blau: der Rittersporn (*Delphinum cashmerianum*)

Blaue Blüten vom Himalaja

Bei milder Witterung zeigt das chinesische Milzkraut (*Chrysosplenium macrophyllum*) schon im Winter den ersten Flor. Alsbald folgen skurrile Aasblüten von Haselwurz (*Asarum*) und weiße *Disporum*-Glöckchen. Anfang April beginnt die Blüh-Saison von mindestens zehn Primel-Arten, einem der Schwerpunkte des Asien-Beets. Der Mai überrascht mit dem fulminanten blauen Flor von Himalaja-Scheinmohn (*Meconopsis horridula*) und Lerchensporn (*Corydalis flexuosa*). Krötenlilien (*Tricyrtis*) blühen vom Spätfrühling bis zum Herbst, im Juni konkurrieren zahlreiche *Iris*- und *Geranium*-Arten mit rosa Gloxinien und gelben Zwergtrollblumen (*Trollius*). Für Sommerflor sorgen nicht nur Rittersporne wie *Delphinum cashmerianum*, mannigfache Lilien-Arten, darunter goldgelb *Lilium hansonii*, sondern auch Astilben und Kardendisteln.

Unter den rund 80 Stauden finden sich auch asiatische Kletterpflanzen wie Eisenhut (*Aconitum alboviolaceum*), gelbblütige Tränende Herzen (*Dactylocapnos scandens*) oder Tigerglocken (*Codonopsis lanceolata*). Imposante Fruchtstände und Herbstfarben wie ein *Geranium soboliferum* mit karminroten Blättern beschließen die Saison. Die in China heimische Eberesche *Sorbus setschwanensis*, die dann das Weiß ihrer Früchte mit purpurrotem Laub kontrastiert, ist Vorreiter weiterer Gehölze Asiens, die hier noch gepflanzt werden.

Der Senkgarten und
das Verwaltungsgebäude

W er nach dem Rundgang am Kleinem Weiher in Richtung Tropicarium unterwegs ist, findet rechts neben dem Platz vorm Eingangsschauhaus den Senkgarten mit seinen wärmeliebenden Pflanzen. Hinter den Bäumen ist das frühere „Beamtenhaus" zu erkennen.

Das Verwaltungsgebäude

Die klassizistische Villa ist eines der ältesten Häuser im Park. Errichtet wurde sie 1880 als würdige Wohnstatt für die Gartendirektoren. Als 1945 die Amerikaner das Gesellschaftshaus beschlagnahmten (s. S.35 u. 133), wurde die Verwaltung in die kleine Villa verlegt. Im Erdgeschoss richtete man eine Not-Gaststätte ein. Sogar die Stadtverordneten tagten damals in den „Palmengarten-Stuben". Bis heute beherbergt das Haus die Direktion und Verwaltung, darunter Marketing und Öffentlichkeitsarbeit sowie Räume für Botaniker.

Eine Villa im Grünen für die Garten-Verwaltung

Senkgarten

Rings um einen idyllischen Teich vor dem Verwaltungsbau lassen sich Gewächse aus südlichen Gefilden entdecken. Im Zentrum des Senkgarten genannten Gevierts befindet sich ein Teich mit der Skulptur zweier Seepferdchen. Er ist Überbleibsel eines früher beheizten Seerosenbeckens, in dem sogar eine Victoria blühte. Auch heute noch ist das Wasser mit Seerosen bedeckt und lockt in der warmen Jahreszeit Libellen an.

Im milden Kleinklima dieses Areals gedeiht der in Südeuropa heimische Judasbaum (*Cercis siliquastrum*), der vor dem Laubaustrieb kräftig rot-violett blüht. Die erwähnten Albizien bilden im Sommer ihre seidig-filgranen Blüten. Die Fiederblättchen dieses seit langem in mediterranen Ländern eingebürgerten Mimosengewächses falten sich in der Dunkelheit zusammen. Während die Monterey-Zypresse (*Cupressus macrocarpa*) aus Kalifornien breit ausladende Äste bildet, zeigt die Mittelmeer-Zypresse (*Cupressus sempervirens*) die schlanke Säulenform, die man z. B. aus der Toskana kennt.

Für duftenden Flor und einen metall-blau schimmernden Fruchtschmuck ist der immergrüne Lorbeer-Schneeball (*Viburnum tinus*) aus Südeuropa bekannt. Ebenfalls immergrün und am Mittelmeer eingebürgert ist die in Florida und Texas heimische *Magnolia grandiflora* mit ihren ledrig-glänzenden Blättern und den großen weißen Blüten. Aus Nordamerika stammt auch der Tulpenbaum (*Liriodendron tulipifera*) am Weg zum Palmenhaus. Dort lässt sich überdies ein spannendes Experiment der Gärtner verfolgen:

Baumfarne und Bananenstauden
Seit einigen Jahren wachsen auf der Wiese neben dem Hauptweg ganzjahrig Bananen-Stauden (*Musa*) mit ih-

Ein stattlicher Baumfarm im Freien

ren meterlangen Blättern. Im Spätherbst werden sie zurückgeschnitten und mit einer dicken Laubschicht gegen Frost geschützt. Im Spätfrühling treiben sie je nach Witterung sukzessive wieder aus. Interessant ist auch das Freiland-Experiment mit einem Baumfarn (*Dicksonia antarctica*). Winters wird er mit einem meterhohen Gitterkasten voll wärmendem Laub und mit Planen abgedeckt. Die urtümliche Pflanze mit ihren fiederspaltigen Blattwedeln treibt meist im Sommer wieder aus. Sobald keine Minusgrade mehr drohen, stellen die Gärtner weitere, in Kübeln wurzelnde *Dicksonia* aus den botanischen Sammlungen dazu.

Blüten im Winter und lila Beeren im Herbst

Rings um das romantisch von Jungfernrebe (*Parthenocissus*) und Efeu (*Hedera*) berankte Verwaltungshaus entdecken Liebhaber manche botanische Seltenheit. Kurios biegt sich etwa die Schönfrucht (*Callicarpa bodinieri* var. *giraldii*) über einen Fahrradständer und erstaunt im Spätherbst mit Beeren in punkigem Lila. Am Eingang wachsen Hortensien (*Hydrangea*) und *Helleborus*. Wie dessen bekannteste Art, die Christrose (*H. niger*), und der verwandte *H. foetidus* blüht auch die Zaubernuss (*Hamamelis*) bereits im Winter. Vor der Villa lassen sich zehn Arten und Sorten dieses frostresistenten Blütengehölzes unterscheiden. Das Spektrum der Farb-Nuancen im zierlichen *Hamamelis*-Flor, der lange vor dem Blattaustrieb erscheint, reicht von Gelb (*H. japo-*

nica 'Zuccariniana') über Orange (*H. vernalis* 'Sandra' und *H. mollis* 'Pallida') bis zu Rot (*H.* x *intermedia* 'Hiltingsbury'). Die medizinal genutzte Art *Hamamelis virginiana* blüht eher unscheinbar unterm Laub erst im Herbst.

Verträgt Schnee, die winters blühende Zaubernuss

Am Seerosenteich wächst eine seltene *Firmiana simplex*. Wegen ihrer bis zu 30 cm großen glänzenden Blätter heißt sie auf Deutsch „Chinesischer Parasolbaum". Der Flor ist grünlich-weiß bis orange. Sommers ein Schattenspender, wirft er zeitig im Herbst sein Laub ab.

Schlafbäume auf der Caféhaus-Terrasse

Südlich der Verwaltung liegt das 2004 eröffnete „Café-Restaurant Siesmayer", das auch von der Siesmayerstraße her zugänglich ist. Den Flachbau entwarf das Frankfurter Architekturbüro Zvonko Turkali. Auf der Sonnen-Terrasse mit schöner Aussicht wachsen drei noch zierliche Albizien, deren ältere Verwandte im Senkgarten (s.o.) zu bewundern sind.

Bei schönem Wetter bietet sich jetzt ein Spaziergang zum Großen Weiher an, der im folgenden Kapitel beschrieben wird. Bei Regen oder an kalten Wintertagen kann man im Tropicarium (s. S. 63) im Nu das Klima wechseln – und eine Fülle exotischer Pflanzen erkunden.

Großer Weiher, Palmen-Express und Papageno-Theater

Wer den Palmengarten durch den Süd-Eingang betritt, wird gleichsam vom Großen Weiher empfangen. Meist nur „Bootsweiher" genannt, ist er harmonisch in die Parklandschaft eingebettet. Nach Passieren der 2012 in Betrieb genommenen neuen Kasse haben die Besucher zwei Routen zur Auswahl: Am Gesellschaftshaus entlang verläuft ein Weg gen Norden ins Zentrum des Gartens. Dort hat man die kleine Qual der Wahl, ob man zuerst das Palmenhaus (s. S. 26) oder das Tropicarium (s. S. 63) aufsuchen will.

Die zweite Route zweigt hinter dem Kassenhaus links ab auf einen Weiher-Rundgang bis hin zum Rhododendrongarten.

Der Wasserfall am Großen Weiher, dahinter der Fernmeldeturm

Die auch botanisch interessante Tour führt teilweise über eine Steg-Konstruktion am Südufer und passiert das Papageno-Theater (s. S. 51) sowie einen Spielplatz. Wer nicht über die Treppe zum Uferweg und Bootsverleih steigt, gelangt zu dem an der Gartengrenze platzierten Kopfbahnhof des „Palmen-Express", der Alt und Jung bequem zum Haus Leonhardsbrunn bringt (s. S. 104).

Bootsweiher

Auch Besucher, die vom Palmenhaus oder Rosengarten kommen, sehen alsbald den in den Frühzeit des Gartens angelegten künstlichen See zwischen Bäumen und Busch-

Ob zum Rudern oder Treten: Alle Boote tragen Blumennamen

werk funkeln. Sommers zischt eine hoch aufschießende Fontäne darin. Bei einer Wassertiefe von ca. 1,2 m bedeckt er gut einen Hektar Parkfläche; als einziges Gewässer in den städtischen Grünanlagen Frankfurts bietet er die Möglichkeit zum Bootfahren. Verleih und Anlegestelle befinden sich am westlichen Ufer.

Wo heute Ruder- und Tretboote die Muskelkraft der Besucher fordern, ließen sich die Frankfurter einst in Gondeln übers Wasser fahren. Verschwunden wie die malerischen venezianischen Gefährte ist die Hängebrücke, die 1874 nach einem Vorbild im Parc des Buttes Chaumont in Paris errichtet wurde. Auch das „Schweizerhaus" im Steingarten gibt es nicht mehr. Die Anhöhe hatte man seinerzeit aus dem Erdaushub für den Weiher aufgeschüttet. Jahrzehntelang thronte das Chalet dort oben, bevor es 1931 wegen Baufälligkeit abgerissen wurde. Der gewandelte Zeitgeist mag die Entscheidung beschleunigt haben.

Der Wasserfall wurde damals ebenfalls beseitigt, 1971 jedoch wiederhergestellt. Zusammen mit der Grotte schafft er eine romantische Atmosphäre in diesem Gartenteil. Der mit Holzbohlen belegte Steg teilt den Großen Weiher und führt auf kurzem Weg in den Rhododendrongarten.

Bemerkenswerte Gehölze finden sich ringsum an den Ufern, darunter urweltliche Baumarten, die gerne im feuchten Boden wurzeln: Unterhalb des Gesellschaftshauses steht z. B. als Solitär an der Uferterrasse ein wohlgeformter Berg-Mammutbaum *(Sequoiadendron giganteum)* mit weit über 20 m Höhe. Direkt gegenüber am Weg fällt ein Baum-Kuriosum ins Auge: eine mächtige Hänge-Buche *(Fagus sylvatica* 'Pendula'), deren Äste sich bogenartig über den Boden wölben. Rings um den Stamm bilden sie so ein dschungelartiges „Baumhaus", das gut und gerne einen Durchmesser von 12 m hat. Keine 30 Schritt weiter stehen Küsten-Mammutbäume *(Sequoia sempervirens)* mit ihren rotfaserigen konischen Stämmen in einem fast märchenhaft anmutenden Hain

beieinander. Der hier beginnende südliche Uferbereich unterhalb des Papageno-Theaters wurde 2012 mit vielerlei Schatten-Stauden und niedrigen Gehölzen neu gestaltet. Aussichtskanzeln laden zum Verweilen ein, die hölzernen Steg-Passagen geben dem neuen Parcours einen leicht abenteuerlichen Touch. Unter den stattlich-alten Bäumen rings um den Kinderspielplatz wächst eine dickstämmige Stieleiche *(Quercus robur)*.

Parallel zur westlichen Gartengrenze an der Zeppelinallee befinden sich eine seltene Indische Rosskastanie *(Aesculus indica)*, eine Pappel-Hybride *(Populus x canadensis)*, Grautannen *(Abies concolor)*,

Führt über den See:
der hölzerne Steg

die ein Wäldchen formen, und ein weiterer Mammutbaum. Auch Esskastanien *(Castanea sativa)*, eine eindrucksvolle Rotbuche *(Fagus sylvatica)* und eine mächtige Schwarzerle *(Alnus glutinosa)* am Weg lassen sich entdecken.

Schwenkt man von der westlichen Gartengrenze wieder rechts zur Uferpromenade ein, gelangt man zum Bootsverleih. Ringsum breitet sich der Rhododendrongarten aus (s. S. 53). Der bequeme Holzsteg ist auch mit Kinderwagen und Rollstuhl befahrbar. Linker Hand sieht man den Wasserfall, daneben steht eine Gruppe von Sumpfzypressen *(Taxodium distichum)*. Deren typische „Wurzelknie" ragen wie Termitenhügel aus dem Wasser.

Papageno-Theater

1998 gastierte Dieter Maienscheins Kindermusiktheater zum ersten Mal im Palmengarten. Der Erfolg seiner fürs junge Publikum konzipierten Oper „Kleine Zauberflöte" war so groß, dass das Ensemble bereits 1999 eine eigene Spielstätte erhielt, die am Südufer des Großen Weihers errichtet wurde. Das Zirkuszelt brach 2002 jedoch nach einem Gewitter zusammen. Die Dietmar-Hopp-Stiftung spendierte daraufhin einen stabilen Neubau in Form einer stilisierten Raupe. Die stählerne, von einer blau-grünen Membran überspannte Bogenkonstruktion der Berliner Architektin Felicitas Mossmann wurde 2003 mit dem Musical „Manche mögen's heiß" eröffnet. Neben Theater- und Opern-Inszenierungen für Kinder gibt es auch Aufführungen für Erwachsene. Ein neuer halböffentlicher Weg hinter einem

Das Musiktheater-Zelt am Großen Weiher

Lamellenzaun führt vom Eingang Zeppelinallee aus auch direkt zur Spielstätte.

Neuer Palmen-Express und Bootsverleih

Außer der Wiedereröffnung des Gesellschaftshauses konnte der Palmengarten 2012 noch weitere Neuerungen feiern. So erhielt der „Palmen-Express", der seit über 40 Jahren durch den Garten ratterte, einen richtigen Kopfbahnhof – und ein hypermodernes Züglein, das freilich wunderbar alt aussieht. Die bunten, eigens in Auftrag gegebenen Triebwagen sind eine Sonderanfertigung nach dem Vorbild der ersten elektrischen Straßenbahn Deutschlands, die 1884 den kommerziellen Fahrgastbetrieb zwischen Frankfurt und Offenbach aufgenommen hatte. Gebaut wurde die nostalgische „Tram" von der Hanauer SLZ Maschinenbau GmbH. Der Lokschuppen lässt sich gegebenenfalls für einen Solarbetrieb der Bahn umbauen (s. S. 122).

Auch der Bootsverleih ist seit 2012 in neuer Hand. Nicht nur zehn Ruderboote lassen sich jetzt mieten, sondern nochmal soviele Tretboote. Allesamt erhielten diese modernen „Nachen" aus Fiberglas die Namen von Blumen auf den Bug gepinselt.

Probefahrt: Der Gartendirektor als Zugführer

Der Rhododendron-
und der Steingarten

Am westlichen und nördlichen Rand des Großen Weihers befinden sich nah beieinander zwei traditionsreiche Themengärten, die vor allem sommers eine Visite lohnen. Zum Rhodendrongarten gelangt man nicht nur über die zuvor beschriebene Uferpromenade, sondern auch aus östlicher Richtung vom Rosengarten her über den Holzsteg unterhalb des Wasserfalls. Der Steingarten erstreckt sich rings um die Flanken der künstlichen Anhöhe.

Rhododendrongarten

Zwischen Frühlingsflor und Rosenblüte lockt alle Jahre wieder der Rhododendrongarten Besucher von nah und fern an. Von Ende April bis Anfang Juni gilt ein Abstecher in diese Blütenpracht als „Muss", selbst bei einer Stippvisite. In allen Farbtönen, von leuchtendem Violett über Rot, Orange und Gelb bis hin zu Weiß erstrahlt die sanft geschwungene Hanglandschaft über der Uferpromenade des Weihers. Auf vielen Wegen und sogar auf einem weichen, mit Rindenmulch bedeckten Pfad kann man zwischen den Rhododendren hindurchspazieren und die verschie-

Schildkröten und Rhododendren
lieben die Frühlingssonne

denen Arten und Sorten, Farben und Formen in Augenschein nehmen.

Ihr Hauptverbreitungsgebiet haben Rhododendren in Südostasien, einige stammen auch aus Nordamerika. Zu den wenigen europäischen Arten gehören die Rostblättrige und die Behaarte Alpenrose *(Rhododendron ferrugineum und R. hirsutum)*; man findet sie in den Alpen und Pyrenäen.

Die rund 1.000 Arten und unzählige Hybriden umfassende Gattung *Rhododendron* gehört wie Heidekraut, Preisel- und Heidelbeere zur Familie der Heidekrautgewächse (Ericaceae). Gärtner unterscheiden gern zwischen Rhododendren und Azaleen: Zu den erstgenannten zählen sie die immergrünen Pflanzen mit glänzenden, lederartigen Blättern; kleinblättrige, meist laubwerfende Arten werden als Azaleen bezeichnet.

Neu angelegt hat den Rhododendrongarten 1989 Josef Raff, damals Gartendirektor der Insel Mainau. Zum größten Teil wurden Hybriden ostasiatischer und nordamerikanischer Arten gepflanzt. Eine Parzelle im hügelig ansteigenden Areal ist nur mit Rhododendren der japanischen Halbinsel Yakushima bepflanzt. Diese Yakushimanum-Hybriden zeichnen sich durch kompakten Wuchs und eine besonders reiche Blüte aus. Viele Sorten stammen auch von der nordamerikanischen Catawba-Alpenrose *(R. catawbiense)* ab. Diese sehr wüchsige und überaus winterharte Art ist in Hunderten von Kreuzungen vertreten. Bis zu drei Meter hoch,

Blaublütige Azaleen-Sorte

bilden die Ziersträucher inzwischen einen dichten, ost-
asiatisch anmutenden Rhododendron-Wald. Die auch
„Rosenbäume" genannten Pflanzen benötigen saure, hu-
mose Böden, die genügend feucht und zugleich durchlässig
sind. Am liebsten wachsen sie im lichten Schatten hoher
Bäume, wie es hier im Palmengarten der Fall ist.

Steingarten

Den schönsten Blick auf den Palmengarten hat man von seiner
höchsten Erhebung aus: vom Hügel über dem Wasserfall am
Großen Weiher. Hier be-
findet sich zugleich jenes
Gartenrevier, das an die
Alpen-Begeisterung der
Gründergeneration erin-
nert. Schon um 1873 gab
es einen Steingarten, an-
geregt vom 1860 eröffne-
ten Alpengarten in Inns-
bruck, der frühesten der-
artigen Anlage in Mittel-
europa. Die Engländer
wiederum, häufig Pio-
niere neuer gärtnerischer
Moden, hatten als Erste
Steingärten gestaltet, die
auch von der damaligen
Japan-Begeisterung in-
spiriert waren.

Eine tiefgreifende Um-
gestaltung erlebte der
Frankfurter Steingarten
zwischen 1985 und 1987.
Geplant hat ihn die Bio-
login Ursula McHardy.

Bunte Blütenpolster zeigt der
Steingarten bis in den Sommer

Meterdicke Erdschichten und Gestein wurden abgetragen und neu aufgeschichtet, um für Stauden, Sträucher und Bäume aus den Bergregionen der Erde die nötigen Standortbedingungen zu schaffen – also kalkarme ebenso wie neutrale und auch kalkreiche Böden. Das Gestein bürgt unter anderem für die Wärmerückstrahlung, an die alpine Pflanzen gewöhnt sind.

In jüngster Zeit haben die Palmengärtner in dieser Bergwelt *en miniature* einzelne Parzellen neu gestaltet. In den kommenden Jahren soll die Anlage schrittweise modernisiert und der Pflanzenbestand verjüngt werden. In prächtigster Blüte steht die Gebirgsflora von Frühling bis Frühsommer.

Der Steingarten zeigt neben reinen Arten auch Züchtungen und Hybriden, um eine breite Vielfalt der Fugen-, Geröll- und Polsterpflanzen zu präsentieren, die auch in hiesigen Gärten gedeihen.

Blüten-Inseln zwischen Steinen

Pflanzen der Südhemisphäre

Der künftige Schwerpunkt des Steingartens liegt auf der alpinen Flora der Südhemisphäre. So entstand bereits ein Südafrika-Schaubeet, in dem auch die faszinierende Gattung *Berkheya* zu entdecken ist. Der distelähnliche Korbblütler zeichnet sich durch gute Frostresistenz und auffallende Blütenfarben aus. Ideale Steingarten-Pflanzen sind z. B. *Berkheya purpurea* und die gelbe *B. multijuga*.

Ein Stück weiter siedeln die Gärtner nach und nach südamerikanische Pflanzen aus Patagonien und von den Falkland-Inseln an. An der westlichen Seite entsteht überdies ein kleines Freilandmoor. Auch eine „Hochstauden-Flur" gehört zu den Neuerungen.

Eine schöne Sammlung von Pantoffelblumen (*Calceolaria*) bereichert nun ebenfalls den Steingarten. Zu sehen sind in verschiedenen Farbtönen blühende Wildarten aus Mittel- und Südamerika, darunter vor allem winterfeste alpine Vertreter. In und vor den Alpinhäusern am Haus Leonhardsbrunn können weitere Gebirgspflanzen bewundert werden.

Scheinzypressen und Steineiben
Für Blickpunkte sorgen zwergwüchsige Koniferen, darunter ausgewählte Arten von Fichten (*Picea*), Kiefern (*Pinus*) und Scheinzypressen (*Chamaecyparis*). Auch Steineiben finden sich wie *Podocarpus alpinus* und *P. nivalis*, ebenso der Zwerglebensbaum (*Microbiota decussata*). Rhododendren sind in gut zwei Dutzend Variationen bis hin zum Heidegarten zu sehen. Unter den laubwerfenden Sträuchern ließen sich verschiedene Zwergmispeln (*Cotoneaster*) nennen, aus China stammen der Schneeball *Viburnum setigerum* und der duftende, weißblütige Berg-Seidelbast *Daphne retusa*. Zeitig im Frühjahr öffnen sich auch die behaarten Blüten der Küchenschellen (*Pulsatilla*).

Heidegarten

Auch der Heidegarten soll in den nächsten Jahren umgestaltet werden. Die Strauchgesellschaften dieser Landschaftsformation benötigen extrem magere, saure Böden. Ein solches Substrat muss von Zeit zu Zeit erneuert werden. Beim Rundgang findet der Besucher zwischen landschaftsprägendem Wacholder (*Juniperus*), Stechpalmen (*Ilex*) oder Ebereschen (*Sorbus*) bis auf weiteres die bekanntesten Heidekrautgewächse (Ericaceae), die je nach Jahreszeit ihre weiß, rosa und rot leuchtenden Blütenteppiche ausbreiten. Dabei handelt es sich überwiegend um Kreuzungen aus Glockenheide (*Erica*) und Besenheide (*Calluna*).

Villa Leonhardi, Ruhewiese und Oktogonbrunnen

Villa Leonhardi

Schon vom Steingarten aus fällt einem beim Blick gen Norden ein schmuckes Palais auf: die Villa Leonhardi. Unweit des Hügels gelegen, verleiht sie auch dem Eingang Zeppelinallee ein südliches Flair. Kugelförmig geschnittene Robinien säumen die beiden Zuwege von draußen, die Wechselbeete auf dem Vorplatz sind zur Zeit des Sommerflors besonders schön. Auch ein Springbrunnen ziert die Anlage.

Die Villa ist das rekonstruierte Gartenhaus der Familie Leonhardi. Das Original, das an der Bockenheimer Anlage stand, hatte 1806 der Architekt Nicolas Alexandre Salins de Monfort entworfen. Zwischen 1825 und 1833 diente es als Café. 1860 erwarb es Rafael Erlanger, und alsbald war es als „Erlangersches Gartenhaus" stadtbekannt. 1907 freilich musste es Neubauten weichen. Die dem Palmengarten gestiftete Front des Mittelpavillons wurde 1912 im damaligen Clubhaus des Tennisvereins (s. S. 95) wieder verwendet. Nach dessen Abriss integrierte man den Portikus in den Nachbau des Erlangerschen Gartenpavillons, der 1989 ei-

Palais im Grünen: die Villa Leonhardi

gens für eine stilvolle Gastronomie im Palmengarten nach alten Plänen errichtet wurde.

Wer dem Hauptweg Richtung Tropicarium folgt, gelangt zum Oktogonbrunnen. Auf halber Strecke liegt rechts eine Wiese, die ausdrücklich betreten werden darf.

Ruhewiese

Unterhaltung und Erholung will der Palmengarten seit seinen Anfängen bieten. Von den ersten warmen Sonnenstrahlen an folgen die Besucher diesem Angebot allgemein sichtbar auf der Ruhe- bzw. Liegewiese. Inmitten der Westend-Pflanzenoase erinnert sie gleichermaßen an einen Volksgarten und einen englischen Landschaftspark. Weitläufig und doch intim dank der vielfältigen Gehölze, die sie begrenzen, dient die

Bis in den Herbst ist die Ruhewiese im Palmengarten ein begehrter Rastplatz für Singles, Paare und Familien

Wie auf der Osterinsel:
der Frankfurter „Moai"

Wiese bis in den Herbst nicht nur Singles als Sonnen- und Schattenbank. Rast machen auch Familien, deren Krabbelkinder hier gefahrlos laufen lernen. Berufstätige aus den benachbarten Unternehmen nutzen den der Ruhe gewidmeten Ort zur erholsamen Mittagspause. Stammgäste bringen sogar Matten für die Metall-Liegen mit.

Über allem wacht ein „Moai". Der autorisierte Abguss einer der berühmten Steinbüsten der Osterinsel-Kultur wurde dem Palmengarten 1997 von der Deutsch-Ibero-Amerikanischen Gesellschaft und der früheren Flughafen AG gestiftet. Auf der Liegewiese kommt das überlebensgroße Konterfei besonders gut zur Geltung.

Für schattige Winkel sorgt der großteils alte Baumbestand, der das Wiesengelände zwischen den Sicht- und Zugangsschneisen gegen den restlichen Garten abschirmt. Gen Osten steht eine Reihe interessanter Gehölze. Schräg gegenüber dem Abgang vom Rosengarten wächst z. B. eine aus Nordamerika stammende Schwarznuss (*Juglans nigra*), deren Früchte aromatisch duften. Ein Stück weiter in nördlicher Richtung endeckt man drei Tulpenbäume (*Liriodendron tulipifera*), die ebenfalls in Nordamerika beheimatet sind. Daneben findet sich ein im Herbst goldgelb belaubter Ginkgo-Baum (*Ginkgo biloba*). Der Lederhülsenbaum (*Gleditsia triacanthos*) macht mit wundersamen Lederhülsen seinem Namen alle Ehre; überdies trägt er bis 5 cm lange Dornen, die direkt aus dem Stamm wachsen. Gleich daneben steht eine Gruppe von Zierapfelbäumen (*Malus*-Hybriden*). Von hier aus sind es nur noch wenige Schritte zu den „Tanzenden Wassern".

Oktogonbrunnen

1986 wurde der Oktogonbrunnen errichtet. Mit seiner mehr-
strahligen Fontäne macht er die Freifläche vor dem Tropicarium zu einem markanten Blick- und Orientierungspunkt. Die
Form des flachen Brunnenbassins wiederholt den achteckigen
Grundriss der Tropenhäuser. 2010 stiftete Frankfurts Partner-
stadt Lyon, die alljährlich im Dezember ihre traditionsreiche
„Fête de Lumières" veranstaltet, dem Palmengarten eine neue
Lichtinstallation. Der Designer Jacques Fournier entwickelte
für das Becken ein raffiniertes künstlerisches Illuminations-
konzept: Sechs Dutzend bunter LED-Spots bieten seither ein
faszinierendes Licht-, Farb- und Wasser-Schauspiel.

„Tanzende Wasser" *à la française*: der Oktogonbrunnen bei Nacht

Wählt man den Hauptweg Richtung Staudengarten
(s. S. 108), fallen nochmals Ginkgo-Bäume (*Ginkgo biloba*)
ins Auge. Auch andernorts im Garten wächst der in einem
Goethe-Gedicht verewigte Baum, der vermutlich aus der

Eine Palme im Kübel
vor den beiden Ginkgos

Kreidezeit stammt und als lebendes Fossil gilt. Nur hier aber stehen ein männliches und ein weibliches Exemplar dieses zweihäusigen Baums aus China beisammen.

Zum Rosengarten hin entdeckt man eine Amerikanische Roteiche (*Quercus rubra*), einen Rotahorn (*Acer rubrum*) und eine *Magnolia acuminata,* die becherförmige gelbgrüne Blüten bildet. Auch mehrere Pinien (*Pinus pinea*) sind zu sehen, wie man sie aus mediterranen Ländern kennt. Eine Scharlacheiche (*Quercus coccinea*) färbt sich im Herbst zinnoberrot

Vor dem Eingang zum Tropicarium finden sich vier stattliche *Lagerstroemia indica.* Diese ursprünglich in China und Korea beheimateten Gehölze wachsen außer im Palmengarten nur an wenigen Stellen in Mitteleuropa ganzjährig im Freien. Sommers erkennt man sie an ihrem dichten rosa Flor. Der Mittelmeer-Hang ist ebenfalls nicht weit: Er schlängelt sich um die Glashäuser des Tropicariums und findet in der Steppenpflanzung eine Fortsetzung (s. S. 95).

Das Tropicarium

Orchideen, Bromelien, Baumfarne und natürlich Palmen, immer wieder Palmen: Mit dem Tropicarium erhielt der Palmengarten der Stadt Frankfurt eine einmalige Anlage für seine tropischen Pflanzen. Allein schon durch die architektonische Gestalt sorgte das 1987 fertig gestellte Gewächshaus-Ensemble international für Aufsehen. Mit seinen beiden Abteilungen für feuchte und trockene Tropen ersetzte es die historische Schauhausgruppe von 1906 (s. S. 16). An die „Sternhäuser" angeschlossen sind die nur von außen einsehbaren Botanischen Sammlungen.

Durchstreift man den üppiggrünen Dschungel des Regenwalds, die den Atem raubende Mangroven-Schwüle oder die trockene Wüstenlandschaft mit ihren riesigen Kakteen, dann erinnert nichts mehr an die Mühen dieses Jahrhundert-Unternehmens. Staunend bewundert jeder die Pflanzenpracht – und die raffinierte Metall-Glas-Konstruktion, die eine ebenso stimmungsvolle wie lehrreiche Reise durch die vielfältigen

Blick vom Dach des Palmenhauses über
den Rosengarten zum Tropicarium

tropischen Klimazonen der Erde erlaubt und ein naturnahes Miteinander der verschiedensten Gewächse zeigt.

Größtes Bauvorhaben seit Bestehen
Das ehrgeizige Projekt zu realisieren, bedeutete für den damaligen Gartendirektor Gustav Schoser und alle Beteiligten einen Kraftakt sondergleichen – planerischer und technischer genauso wie finanzieller Art. Freilich gab es noch vollere Stadtkassen zu jener Zeit, vor allem in Frankfurt: Mit Museumsufer und anderen Prestigeprojekten verwandelte sich die Bankenmetropole seinerzeit in eine rührige Kulturstadt.

Der Blütentrieb des Fackelingwers (*Etlingera elatior*) im Regenwälder-Haus wird 2m hoch

Federführender Architekt des Tropicariums war bis zu seinem Tod 1982 Hermann Blomeier. Nachfolger wurde der Ingenieur Matthias Hass vom Hochbauamt der Stadt Frankfurt. Generalunternehmer war die Firma Gartner. Das damals fortschrittliche Energiekonzept für die Glaskonstruktion wurde seinerzeit patentiert.

Im Savannen-Haus kommt der Baobab-Baum (*Adansonia digitata*) zur Blüte

Doppelt isoliert

Die von Hermann Blomeier entwickelte „Gartner-Fassade" ist eine voll isolierte, von der äußeren Tragkonstruktion aus Stahl getrennte Glaswand, in deren Fensterrahmen auch die Heizungsrohre verlaufen. Dank der Doppelfassade entsteht ein Wärmepolster aus trockener Luft; dies verhindert, dass im Winter kaltes Kondenswasser auf die Pflanzen tropft. In die Aluminium-Rahmen wurden Doppelglas-Isolierscheiben eingesetzt, für das Dach war eine stabile Kombination aus Draht- und Sicherheitsglas nötig. Die Scheiben sind schräg gestellt, um das senkrecht einfallende Sonnenlicht umzuleiten und so die Pflanzen vor sengenden Strahlen zu schützen.

14 Glashäuser

Sieben „Sternhäuser" und sieben kleinere, achteckige Glashäuser bilden das Tropicarium (siehe nebenstehende Karte). Die Grundfläche der großen Lichtdome beträgt je 600 m², die Höhe variiert zwischen 7,5 und 15 m. Die kleinen oktogonalen Häuser wie Eingangshalle, Nebelwüste und Bromelienhaus sind 220 m² groß, auch ihre Höhe ist unterschiedlich. Die restlichen vier, nur von außen einsehbaren kleinen Häuser beherbergen die Sukkulenten-Sammlung. Der sternförmige Grundriss der Glasbauten wurde von einer Tropicarlumspflanze inspiriert. vom Querschnitt durch einen Säulenkaktus.

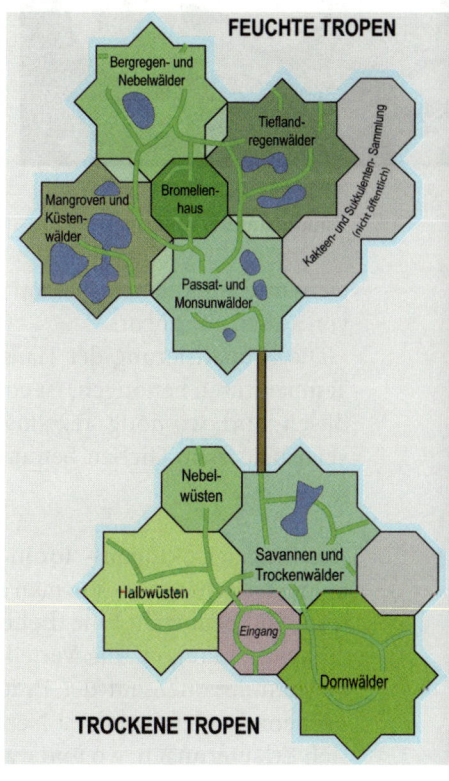

Feuchte und trockene Tropen

Errichtet wurde die Schauhausgruppe nach einer langwierigen Planungsphase in zwei Etappen. Im ersten Bauabschnitt entstand von 1981 an das Tropicarium Nord (Wilhelm-Fay-Haus) für die feuchten Tropen. Es wurde im Mai 1984 eröffnet.

Die einzelnen Häuser zeigen Pflanzengemeinschaften der verschiedenen tropisch-feuchten Zonen der Erde wie Mangroven und Küstenwälder, Bergregen- und Nebelwälder, Passat- und Monsunwälder sowie Tieflandregenwälder. In der Mitte befindet sich das Bromelienhaus.

Aristolochia labiata: eine Verwandte unserer Osterluzei

Das Tropicarium Süd (Karl-Egle-Haus) wurde 1987 fertiggestellt und beherbergt Vegetationstypen der trockenen Tropen. Vom Eingangs-Oktogon gelangt der Besucher in die drei Sternhäuser für Pflanzen der Halbwüsten, Nebelwüsten, der Savannen und Trockenwälder sowie der Dornwälder. Die Kakteen- und Sukkulenten-Sammlung ist nicht öffentlich und nur von außen einsehbar.

Die Klimatisierung der Häuser, die ganz unterschiedliche Temperaturen benötigen, ist computergesteuert. Über Mikrodüsen wird, wo nötig, regelmäßig entmineralisiertes Wasser vernebelt. Zum Gießen benutzen die Gärtner gefiltertes Regenwasser.

Das Eingangsoktogon – Tor in die Welt der Tropen

Beim ersten Besuch sollte man den Haupteingang im Tropicarium Süd benutzen. Eine drehbare Weltkugel zeigt in diesem „Eingangsoktogon" die Verteilung und Ausmaße tropischer Vegetationszonen auf der Erde, die in den Themenhäusern nachempfunden wurden. Neben Klimadiagrammen finden sich Erläuterungen, wo und warum welches Klima herrscht.

Blick vom Oktogonbrunnen auf das Tropicarium

Trockene Tropen (Karl-Egle-Haus):

Wüsten gibt es sowohl nördlich als auch südlich des Äquators, auf der Nordhalbkugel z.B. die Sahara und Trockengebiete Südwestasiens, auf der Südhalbkugel die Namib- und die Kalahari-Wüste im südlichen Afrika oder die Atacama-Wüste in Chile. An den Wüstengürtel sowie die Halb- und Nebelwüsten mit mehr Vegetation schließen sich die deutlich regenreicheren Savannen an. Der Dornwald ist ein seltener Vegetationstyp, der sich unter anderem auf Madagaskar findet.

Halbwüsten
Das Klima der Wüsten ist durch äußerst seltene Niederschläge und durch extreme Temperaturschwankungen mit hohen Tages- und niedrigen Nachtwerten geprägt. Sporadische, wolkenbruchartige Regenfälle schwemmen die Böden aus. Die

Dornige Ungetüme in allen nur erdenklichen Formen
zeigt das Halbwüsten-Haus

Verdunstung wird von trockenen Winden noch verstärkt. In
den Halbwüsten herrscht ein schon weniger lebensfeindliches
Klima; hier haben sich viele Pflanzen an lange Trockenpe-
rioden und starke Sonneneinstrahlung angepasst.

Typische Pflanzen der Halbwüsten sind die Sukkulenten, vor
allem Kakteen (Cactaceae), Wolfsmilch- (Euphorbiaceae),
Dickblatt- (Crassulaceae) oder Schwalbenwurzgewächse
(Apocynaceae). Die Kakteen Amerikas bilden eine vielgestal-

tige Gruppe der Stammsukkulenten. Im Halbwüsten-Haus fallen zunächst die baumhohen Säulenkakteen auf, z. B. der in Peru heimische Felsenkaktus *Cereus peruvianus* var. *monstrosus*. Der bis zu 10 m hohe *Trichocereus pasacana* wird in Nordargentinien als Bau- und Feuerholz genutzt.

Dralle Bodenhocker sind die Kugelkakteen, allen voran der schon wegen seines populären Namens „Schwiegermuttersitz" beliebte Igel- oder Goldkugelkaktus (*Echinocactus grusonii*) aus Mexiko. Üppige Tonnen bildet auch die Gattung *Ferocactus*, darunter *F. ingens*, der den Azteken als Altar für Menschenopfer gedient haben soll. Die „Bischofsmütze" (*Astrophytum ornatum*) und *Echinocereus*-Arten mit erdbeerartigen Früchten gehören gleichfalls zu dieser Gruppe. *Opuntia* heißt eine Gattung mit polster-, strauch- und baumförmigen Arten. Am bekanntesten ist der Feigenkaktus (*Opuntia ficus-indica*), dessen Früchte es auch in hiesigen Supermärkten gibt. Eine dornlose Variante wird in Trockengebieten als Gemüse- und Futterpflanze angebaut. Viele Kakteen im Halbwüsten-Haus sind mehr als 100, die ältesten schätzungsweise bis zu 250 Jahre alt.

Außen weiß, innen heiß: Kakteen vor Winterkulisse

Kuriose Seltenheit der Namib-Wüste:
Welwitschia mirabilis

Nebelwüsten

Die typischenPflanzen der Nebelwüste profitieren vom regelmäßig auftretenden Nebel, andere Niederschläge fehlen zumeist. Das Schauhaus wurde 1998 neu gestaltet. Vor allem finden sich hier verschiedene Arten der Flora Namibias. Für Besucher geöffnet ist das Nebelwüsten-Haus immer nur montags von 10 bis 14 Uhr.

Typisch für Nebelwüsten im südlichen Afrika sind einige *Aloe*-Arten wie der Köcherbaum *(Aloe dichotoma)*. Dessen Rinde benutzt das Volk der San zur Aufbewahrung der Jagdpfeile. Die eigentümlichste Pflanze ist die seltene *Welwitschia mirabilis*. Sie kommt nur in der Namib-Wüste und in Südangola vor.

Köcherbaum

Außergewöhnlich ist die Wuchsform der 1859 entdeckten Pflanze: Der Spross bildet außer zwei hinfälligen Keimblättern nur zwei Blätter. Die aber werden mehrere Meter lang und wölben sich bandartig über den Boden. Zeitlebens wachsen diese kuriosen Blätter an der Basis nach. Die ältesten wild wachsenden Welwitschien sind Botanikern zufolge über 2.000

Jahre, eine weibliche Pflanze im Palmengarten immerhin schon 60 Jahre alt. Endemisch in der Namib-Wüste ist auch die Naraspflanze (*Acanthosicyos horrida*).

Dornwälder

Das Klima der Dornwälder wie im Nordosten Brasiliens, in Trockengebieten Ostafrikas und in bestimmten Gebieten Madagaskars ist durch hohe Temperaturen und lange Dürrezeiten während des Sommers sowie durch unregelmäßige, kurze, aber dafür sehr heftige Regenfälle im Winter geprägt. Vorherrschend sind bizarr bedornte Pflanzen.

Gelb blühende *Uncarina*

Viele laubwerfende Gehölze des Dornwalds, die erst mit den winterlichen Niederschlägen wieder ihre gefiederten Blätter treiben, gehören zu den Hülsenfrüchtlern (Fabaceae) – z. B. an der Westküste Madagaskars. Die Vegetation dieser Insel darzustellen, vor allem die oft endemischen, also nur dort vorkommenden Pflanzen, ist im Frankfurter Dornwälder-Haus wie nirgendwo sonst überaus anschaulich gelungen.

Gleich links neben dem Eingang beginnt die madagassische Flora – auf einem Hügel wie im Nordwesten der Insel.

Ein Brotpalmfarn
(*Encephalartos*)

Spektakulärer Blickfang ist dort zur Blütezeit ein *Hibiscus grandidieri*, dessen roter schirmartiger Flor von Nektarvögeln bestäubt wird. Von einem Frankfurter Botaniker entdeckt wurden drei Arten der endemischen *Uncarina*, einer Verwandten des Sesams mit gelben bzw. weißen Blüten. Im Palmengarten werden alle Arten dieser Gattung kultiviert. Ihr Stammansatz ist knollig verdickt, wie bei der *Laportea perierii*, die durch ihre riesigen Blätter auffällt. Zimmerpflanzenfreunde finden hier auch die Madagaskarpalme (*Pachypodium lamerei*) wieder, die vor Jahren als modischer Palmenersatz begehrt war und in ihrem Bestand stark dezimiert wurde.

Entlang der Glasfront überraschen immer neue Pflanzen von eigenwilliger Gestalt wie die Dreikantpalme (*Dypsis decaryi*), die nur das Inselreich im Indischen Ozean zu bieten hat. Die Bismarckpalme (*Bismarckia nobilis*) übersteht dort sogar Brände nahezu unversehrt. Auch Pflanzen aus dem östlichen Afrika sind hier zu sehen, wie das Passionsblumengewächs *Adenia glauca* oder die Dumpalme *Hyphaene thebaica*. Die Orchideen-Gattung *Oeceoclades* schützt sich gegen den Verbiss durch Tiere, indem ihre Blätter wie totes Laub aussehen.

Pinselförmige Blütenstände bildet diese *Calliandra tweedii*, ein Hülsenfrüchtler

Savannen und Trockenwälder

Der größte Savannengürtel der Erde reicht von West- nach Ostafrika, am bekanntesten ist die Serengeti. Typisch für Savannen sind eine geschlossene Grasschicht und einzelne hohe Gehölze. Halbimmergrüne Trockenwälder werden durch wechselnde Regen- und Trockenzeiten geprägt. Die Vegetation besteht aus Sukkulenten und laubwerfenden, meist dornigen Gehölzen. In Südamerika sind viele solcher Gebiete längs der Pazifikküste massiv geschrumpft. Australien indes besitzt immense Landstriche, die mit trockenen Wäldern und Savannen bedeckt sind.

Mit einem Wasserfall wird im neu gestalteten Haus eine charakteristische Landschaft Australiens nachempfunden. Wie die natürlichen Wasserläufe wird auch das Ensemble im Trockenwälder-Haus nur sporadisch mit Wasser versorgt. Pflanzen, die lange Trockenzeiten überstehen, sollen künftig einen

Das neu gestaltete Savannen- und Trockenwälder-Haus

Schwerpunkt bilden. Neu angelegt wird sukzessive auch ein Beet mit Pflanzen des Reserva Natural Monte Alto, einem geschützten Trockenwaldgebiet Costa Ricas.

Gleich beim Betreten des Hauses fallen einem die bizarr geformten Bäume ins Auge. Einen stachelbewehrten, an der Basis verdickten Stamm besitzt zum Beispiel *Ceiba speciosa*. Als halbimmergrüne sukkulente Baumart aus Costa Rica, die dort 30 Meter hoch wird, speichert sie in ihrem Stamm Wasser, um regenlose Zeiten zu überstehen. *Pachira quinata* ist ebenfalls in Lateinamerika beheimatet, sukkulent und am ganzen Stamm mit spitzen Stacheln gewappnet.

Samenstand des Palmfarns
(*Ceratozamia mexicana*)

Aus Australien stammt die Makadamianuss (*Macadamia*) mit ihren überaus harten Früchten. Die für ihre kuriose Wuchsform berühmten Baobabs (*Adansonia*) sind nicht nur charakteristische Bäume der Savannen Australiens. Vor allem auf Madagaskar und in Afrika ist die Gattung vertreten, für die eine stattliche *Adansonia digitata* mit dem typischen flaschenförmigen Stamm gezeigt wird. Etwa im Mai bildet sie große weiße Blüten mit pinselartigen Staubblättern. Ähnlich im Wuchs ist der Rasierpinselbaum (*Pseudobombax ellipticum*) aus Mexiko, der wie der Baobab in Trockenzeiten sein Laub verliert.

Neben Palmen wie einer australischen *Wodyetia bifurcata* oder der auf den Maskarenen-Inseln heimischen Fasspalme (*Hyophorbe lagenicaulis*) wachsen auch hier urtümliche Palmfarne. In Afrika verbreitet sind die Brotpalmfarne (*Encephalartos*), die hier mit stattlichen Exemplaren vertreten sind. Fast einen halben Meter dick ist der Spross von *Lepidozamia peroffskyana*, einem Palmfarn aus Australien und Neuseeland.

Kalebassenbaum (*Crescentia cujete*) und Leberwurstbaum (*Kigelia africana*) sind typische Nutz- und Zierpflanzen. Für attraktive Blüten sorgt ein Spinnenbaum (*Grevillea*). Das auch Silber-

Bizarre Stämme im Savannen-Haus

eiche genannte australische Gehölz bildet einen filigranfedrigen roten Flor. Zu den ursprünglichsten Kakteen zählt die Gattung *Pereskia*. Diese Kakteen bilden als einzige der Familie Laubblätter, die sie in der Trockenzeit abwerfen und damit eher Dornsträuchern ähneln als Kakteen.

Feuchte Tropen (Wilhelm-Fay-Haus)

Regenwald ist nicht gleich Regenwald, wie die nachfolgend beschriebenen Häuser des Tropicariums zeigen. In den feuchten Tropen, die sich wie ein Gürtel rings um die Erde erstrecken, gibt es je nach Lage, in dem sich der Tropenwald befindet, unterschiedliche Klima- und Vegetationszonen. Ursache und Intensität der Feuchtigkeit ebenso wie Vorkommen der Regenwälder werden in den einzelnen Abteilungen erläutert.

Passat- und Monsunwälder

Wo ein wechselfeuchtes Klima durch jahreszeitliche Winde geprägt wird, spricht man von Monsun- oder Passatwald. So bringt der Wind in den Monsunwäldern Indiens, Südostasiens und Australiens im Sommer vom Meer her beständig Regen aufs Festland; im Winter bewirken die nun vom Land zum Meer wehenden Winde eine Trockenzeit, in der viele Bäume ihre Blätter verlieren. In Mittel- und Südamerika hat der Passat einen ähnlichen Effekt, etwa in den Passatwäldern an den Hängen der Anden.

Oft herrschen in solch wechselfeuchten Regionen einzelne Baumarten vor wie in den „Teak-Wäldern" Thailands den „Sol-Wäldern" Vorderindiens oder den „Eucalyptus-Wäldern" Nordaustraliens. Da die Bäume nicht allzu dicht stehen, bekommt auch der Unterwuchs mehr Licht, der z. B. in Südostasien häufig von Bambus dominiert wird.

Blüte und noch unreife Früchte der Banane (*Musa* x *paradisiaca*)

Das den tropischen Wäldern mit Trockenzeiten gewidmete Haus zeigt sowohl typische Pflanzen aus dem afrikanischen Monsunwald wie aus Südamerikas Passatwald-Regionen. Neben Palmen wie *Dypsis* sind auch hier wieder allerlei Nutzpflanzen zu finden, z. B. der Melonenbaum, dessen botanischer Artname auf die essbare Frucht verweist: *Carica papaya*. Die inneren Rindenschichten des Zimtbaums *(Cinnamomum verum)* liefern das bekannte Gewürz, ätherische Öle aber besitzen alle Teile dieses Lorbeergewächses. *Musa* heißt die Gattung der bis zu 9 m hohen Bananen-Stauden, die auch im Regenwald in mehreren Ar-

Zauber der Orchideen: ein Venusschuh (*Paphiopedilum*) und ...

ten zu sehen sind. Wer gerade zur Erntezeit an einer Führung teilnimmt, darf sogar den Geschmack dieser „Bananas made in Frankfurt" testen.

Liebhaber exotischer Topfpflanzen werden in diesem Haus ebenfalls bekannte Gewächse wieder entdecken, die hier natürlich, Neid weckend, viel üppiger gedeihen als auf jedem Fensterbrett. Als Beispiel sei der Hirschgeweihfarn *(Platycerium)* genannt, der wie andere Farne statt Samen nur Sporen bildet und zu den stammesgeschichtlich sehr alten Pflanzen zählt. Von Südflorida bis Kolumbien beheimatet ist *Swietenia mahagoni,* deren Name ebenfalls die Verwendung verrät. Der Tamarindenbaum *(Tamarindus indica)* stammt aus Afrika, ist aber als Nutzpflanze längst auch in Indien, Asien und Amerika eingebürgert.

... eine *Thunia marshalliana*

Doppelt unter Glas: Orchideen
Der Palmengarten kultiviert eine reiche – und wertvolle – Orchideen-Sammlung, neben reinen Arten auch viele Hybriden.

Etliche wachsen in den nicht öffentlichen Gewächshäusern. Sobald aber besondere Orchideen zur Blüte kommen, werden sie in Vitrinen ausgestellt, wie vorm Eingang zur Mangrove z.B. *Cattleya, Laelia, Epidendrum* aus Südamerikas Passatwäldern. In der Monsunwald-Vitrine vor dem Tiefland-Regenwälder-Haus sieht man unter anderem Vertreter der Gattungen *Phalaenopsis* und *Paphiopedilum*.

Mangroven und Küstenwälder
In den Küstenregenwäldern sind weniger die klimatischen Verhältnisse als die besonderen Boden- und damit Lebensbedingungen entscheidend für die Vegetation. Außer in den Tropen gibt es Mangroven auch in manchen subtropischen Regionen, z.B. in Israel, Japan und Neuseeland. Da diese immergrünen Laubwälder in der Gezeitenzone flacher Küsten liegen, müssen die Pflanzen im ständigen Wechsel von Ebbe und Flut Überschwemmungen und Trockenphasen überstehen sowie einen hohen Salzgehalt und den Mangel an Sauer-

Auch Seerosen gedeihen im Mangroven-Haus

stoff im Boden. Das schaffen nur wenige Pflanzen, von denen viele aber umso eigenwilliger im Wuchs sind: Sie stehen auf Stelzen. Das dichte Geflecht der aus dem Wasser ragenden Stelzwurzeln fängt dabei angetriebenen Schlick auf – und dient zur Landgewinnung.

Auch wenn die im Tropicarium gezeigten Vertreter des in Südamerika beheimateten Roten Mangrovenbaums (*Rhizophora mangle*) noch recht jung sind, sieht man ihre Stelzwurzeln schon deutlich aus dem Wasser ragen. Zur Familie der Schraubenbaumgewächse (Pandanaceae) gehört *Freycinetia cumingiana*, die ebenfalls Stelzwurzeln bildet. Der rot blühende Strauch ist auf den Philippinen heimisch. Ein typischer Küstenwälderbaum ist auch *Barringtonia asiatica*, die wegen ihrer giftigen Früchte im Englischen „Fish poison tree" genannt wird. Im Unterwuchs tropischer Baumriesen gedeiht die in Mittelamerika stark bedrohte Pfeifenblume (*Aristolochia*). Hier im Mangroven-Haus hat eine rankende *Aristolochia gigantea* ihr Habitat gefunden und dankt es mit reicher Blüte.

Die kletternde Vanille (*Vanilla planifolia*) ist die einzige Nutzpflanze der Orchideengewächse. Daher wird sie vielerorts kultiviert. Um aus den Kapselfrüchten den Aromastoff Vanille zu gewinnen, lässt man ihre kräftigen Luftwurzeln über Stangen ranken. Wie auf Plantagen muss die Bestäubung auch im Tropicarium von Menschenhand erledigt werden.

Scharlachrot und somit unübersehbar sind die Stämme der Siegel-

Die roten Stämme der Siegellack-Palmen

lack-Palme (*Cyrtostachys renda*). Die mehrstämmige, im Feuchten wurzelnde Palme aus Südostasien gedeiht hier so gut, dass sie schon mehrfach geteilt wurde. Wirtschaftlich genutzt werden in Thailand die Fasern der Mangroven-Palme (*Nypa fruticans*), aus deren Blüten sich sogar ein Schnaps destillieren lässt. Wie der Mangrovenfarn (*Acrostichum danaeifolium*) wächst diese Palme in den Flussmündungen der Küstenwälder.

Die Seychellennuss-Palme (*Lodoicea maldivica*) wiederum erstaunt nicht nur durch das Alter von mehreren hundert Jahren, das sie erreichen kann. Um ihre bis zu 30 Kilogramm schweren, bis zu 40 cm großen „Nüsse" zu entwickeln, braucht sie rund sieben Jahre. Der Same gilt als der größte im Pflanzenreich. Die Frucht sieht wie eine überdimensionierte doppelte Kokusnuss aus. Der Spitzname dieser Palme lautet „Podex botanicus".

Der riesige Same der Seychellen-Nuss

Eine weitere Attraktion ist *Grammatophyllum speciosum*, die größte Orchideenart der Welt, die am Übergang zum Nebelwälder-Haus wächst. Als Aufsitzerpflanze entwickelt sie oft schräg nach oben wachsende Wurzeln, die sich zu einem korbartigen Gebilde an der Pflanzenbasis verdichten. Fingerdicke, traubige Blütenstände werden oft mehrere Meter lang. Die 80 bis 100 Einzelblüten dieser „Königin der Orchideen" sind knapp 10 cm breit.

Nützlinge gegen Schädlinge

Seit 1995 werden im Tropicarium und in anderen Schauhäusern Schädlinge mit Erfolg biologisch bekämpft. Neben pflanzlichen Hilfsmitteln kommen sogenannte nützliche Insekten zum Einsatz. So machen z. B. Florfliegen, Raubmilben und Schlupfwespen den die Pflanzen schädigenden Blattläusen, Spinnmilben, Schildläusen und Konsorten den Garaus. Die Kunst dieser sanften Methode besteht darin, ein Gleichgewicht im Fressen und Gefressenwerden zu halten. Denn wo kein Schädling mehr ist, wird auch kein Nützling satt. An der Insekten-Vertilgung beteiligt sind zudem Karibische Pfeiffrösche (*Eleutherodactylus johnstonei*), deren durchdringende Stimmen weithin hörbar sind. Die grüne Wasseragame (*Physignatus cocincinus*) aus Südostasien dagegen muss man geduldig suchen: Aus den Mangroven entwischt sie manchmal in benachbarte Häuser.

Bergregen- und Nebelwälder

Auch in den Tropen gibt es Gebirge. Der Nebelwald oder Bergland-Regenwald findet sich in Höhenlagen ab 1.500 m in Südostasien, Ostafrika und im Norden Südamerikas. Hohe Nie-

Gut getarnt im grünen Dschungel: die Wasseragame

Bis unters Dach wächst der Baumfarn (*Cyathea*)

derschläge sind charakteristisch, die Temperatur ist deutlich niedriger als im Tiefland. Durch Nebelbildung steigt die Luftfeuchtigkeit auf bis zu 90 %. Die ständigen Nebelschleier verringern zugleich die Lichtintensität. Der Artenreichtum nimmt mit zunehmender Höhe ab, Gehölze werden niedriger und seltener. In der alpinen Stufe gibt es dann nur mehr niedrige Gras- und Kräuterfluren. In den Hanglagen unterhalb 1.500 m, wo es wärmer ist, entwickelt sich ein Wolkenwald wie in den Kordilleren an der Nordwestküste Südamerikas.

Hoch aufgeschossene Baumfarne beherrschen das Bergregen- und Nebelwälder-Haus. Sie sorgen vor allem an leicht bewölkten Tagen für eine faszinierende Stimmung: Das Netz der feingefiederten hellgrünen Blattwedel koloriert auch das durchs Glasdach einfallende Licht magisch grün. Baumfarne sind vor allem auf der Südhalbkugel der Erde heimisch. Zu sehen sind Vertreter der Cyatheaceen, die rund 450 Arten umfassen, und der Dicksoniaceen mit rund 30 Arten. Die baumförmigen Farne bilden einen Blattwurzelstamm, wobei die an der Basis dünnen Stämme mit zunehmendem Alter von Blattresten und Folgewurzeln eingehüllt werden und dicker wirken, als sie tatsächlich sind. Ein weiteres Erkennungsmal sind die wie ein Bischofsstab eingerollten jungen Blätter.

Beeindruckend sind im Haus der „Wolkenwälder" neben Farnen und Moosen verschiedene Bergpalmen (*Chamaedorea*) aus Südamerika. In den bizarren Araukarien, die aus Neukaledonien stammen, entdeckt der Besucher Verwandte der Andentannen (*Auracaria auracana*), die auf dem Gelände des Sommer-Sukkulentengartens ganzjährig im Freien wachsen. Ein pflanzlicher Bergbewohner ist auch *Coffea arabica*, der Kaffee-Strauch, der als gewinnbringende Nutzpflanze in vielen tropischen Regionen angebaut wird.

Tiefland-Regenwälder

Größter Artenreichtum und üppiges Wachstum kennzeichnen den immergrünen Regenwald des tropischen Tieflands. Seine Zerstörung aber schreitet so schnell voran, dass es größere intakte Gebiete nur noch im Amazonasbecken, in Südostasien und Zentralafrika gibt. Durch industrielle Abholzung der bis zu 60 m hohen Bäume und Brandrodung zur Gewinnung von Ackerflächen wird die einzigartige Vegetation in atemberaubendem Tempo unwiderruflich zerstört.

Der gigantische Blütenstand der Titanenwurz

Eine Ahnung von der ungemeinen Wuchskraft tropischer Pflanzen vermittelt der Riesenbambus (*Dendrocalamus giganteus*) aus Ostasien, der von den Gärtnern regelmäßig zu stutzen ist: Beständig droht er die Decke dieses mit 15 m höchsten Schauhauses im Tropicarium zu durchbrechen. Eine viel bestaunte Messlatte verdeutlicht den rasanten Höhenschub der Pflanze, pro Tag sind es immerhin 30 bis 50 cm.

Riesige Ausmaße erreicht auch der phallische Blütenstand der Titanenwurz (*Amorphophallus titanum*). Er zählt zu den größten im Reich der Pflanzen – und riecht nach Aas. Diese Attraktion bietet der Palmengarten in Topfkultur gleich mehrmals im Jahr wechselweise im Mangroven- oder im Regenwald-Haus. Weil die Vermehrung der aus Sumatra stammenden Verwandten unseres Aronstabs im Frankfurter Tropicarium so erfolgreich ist, versorgt man längst auch andere Gärten mit Jungpflanzen. 1998 gab es sogar ein Rekordjahr, da nirgendwo sonst so viele Titanenwurz-Exemplare auf einmal blühten. Ihre Knollen sind bis zu 60 kg schwer.

Im dichten, düster-grünen Dschungel dieser Tropen-Station entdeckt der Besucher nicht nur den asiatischen Brotfruchtbaum (*Artocarpus odoratissimus*), sondern auch jede Menge verschiedener Palmen, darunter die lianenartig wachsende

und für den Möbelbau genutzte Rattan-Palme (*Calamus*). Fasziniert steht man immer wieder vor gemusterten pflanzlichen Trichtern der Kannenpflanzen (*Nepenthes*).

Kannenpflanzen sind Insekten fangende Pflanzen und in den Tropen der Alten Welt heimisch. Die meisten klettern mittels Ranken, die eine Verlängerung der Blattmittelrippe sind und schlauchförmig in einer Art Kanne mit Deckel enden. Durch intensive Färbung werden Insekten angelockt. Die Kanne besitzt Nektardrüsen und eine Gleitzone, die verhindert, dass die Beute entkommt. Von den Zersetzungsprodukten, die in der Falle aus den Insekten entstehen, ernährt sich die Pflanze.

Eine weitere ebenso typische wie eigentümliche Erscheinung ist die „Laubschütte", z. B. bei *Brownea ariza* aus Kolumbien: Die in kürzester Zeit gebildeten jungen Fiederblätter hängen zunächst schlaff wie totes Laub an den Pflanzen. Als kompaktes Bündel wurden sie aus einer Knospe regelrecht ausgeschüttet. Bis aus den blassrosa Gebilden tiefgrüne Blätter werden, vergehen einige Tage.

Bromelienhaus

Der kleine Raum im Zentrum der feuchten Tropen stellt keine Vegetationszone vor wie die anderen Häuser, sondern beherbergt in trauter Nähe eine berühmte Sammlung des Palmengartens, die Ananasgewächse oder Bromeliaceae.

Die Familie der Bromelien umfasst rund 60 Gattungen mit mehr als 2.000 Arten. Außer einer sind alle in Amerika beheimatet. Bekanntester Vertreter ist die Ananas (*Ananas comosus*). Bromelien siedeln in Nebel- und Passatwäldern, Tiefland-Regenwäldern und in ariden Trockengebieten. Aufgrund ihrer Anpassungsfähigkeit haben manche auch den Zierpflanzenmarkt erobert.

Die Blüte einer Ananas

Kakaofrüchte wachsen direkt am Stamm

Die einkeimblättrigen Ananasgewächse bilden in der Mitte ihrer Blattrosetten meist einen zisternenartigen Trichter, in dem sie Wasser und Nährstoffe sammeln, die sie über Saugschuppen an der Blattoberfläche aufnehmen. Sie wachsen meist epiphytisch auf Bäumen oder Felsen, ihre Wurzeln dienen zur Verankerung. Die Blütenstände variieren in enormer Vielfalt und überraschen durch ihre kräftigen Farben.

Das Louisiana-Moos (*Tillandsia usneoides*), das vom Süden der USA bis nach Chile verbreitet ist, gehört ebenfalls zu den Ananasgewächsen. Wie dichte Bartflechten hängen die Triebe dieser Epiphyten meterlang von den Ästen ihrer Basispflanze, von Felsen, Dächern – oder Telegraphen-Masten herab.

Eine Fülle faszinierender Blatt- und Blütenformen bieten auch die Honigbechergewächse (Marcgraviaceae) aus den Tropen Amerikas, die hier zu entdecken sind. Bestäubt werden sie in der Regel von Vögeln, allen voran Kolibris.

Ein Malvengewächs dagegen ist der Kakaobaum *(Theobroma cacao)*. Ein charakteristisches Merkmal dieser Pflanze, die am Amazonas heimisch ist und schon von den Mayas kultiviert wurde, ist die Stammblütigkeit (Kauliflorie). Dabei erscheinen die Blüten direkt am Stamm oder an älteren Ästen. Regelmäßig reifen in Frankfurts Tropenhaus Kakaofrüchte heran.

Der Mittelmeer-Hang und der Sommer-Sukkulentengarten

Mittelmeer-Hang

Vertreter der mediterranen Flora gibt es an vielen Stellen des Palmengartens, von den Säulenzypressen *(Cupressus sempervivens)* vor dem Verwaltungsbau bis zu den Erdbeerbäumen *(Arbutus unedo)* nahe der Gärtnerei. Wärmeliebender Buchs *(Buxus)*, der wild nur an wenigen Standorten in Deutschland vorkommt, wächst im Garten als Unterwuchs, Hecke oder Beeteinfassung. Die Beete rings um das Tropicarium zeigen ganz dicht beieinander viele Pflanzen der Mittelmeerländer. Auch auf der Steppenwiese (s. S. 95) gedeihen Kräuter und Stauden, die in den Macchien, Garrigues und Hartlaubwäldern rund um das „Mare mediterraneum" beheimatet sind.

Exoten unter freiem Himmel:
der Sommer-Sukkulentengarten

Unter den Gehölzen des Mittelmeer-Hangs entdeckt man Kermes- und Korkeiche *(Quercus coccifera* und *Q. suber)*,

87

Zistrose: Jede Blüte öffnet sich nur für einen Tag

Granatapfel (*Punica granatum*), Feigenbaum (*Ficus carica*), Ölbaum (*Olea europaea* ssp. *sylvestris*). Die winterharte Bitterorange (*Poncirus trifoliata*) aus China ist seit langem in mediterranen Ländern eingebürgert. Die Vielfalt der weiß- oder rosablütigen Zistrosen (*Cistus*) ist im Frühsommer am schönsten. Mit ihrem graugrünen, filzigen Laub ähneln sie Salbei (*Salvia*) oder Brandkraut (*Phlomis*). Neben *Rosmarinus officinalis* und *Lavandula angustifolia* findet sich auch Mäusedorn (*Ruscus aculeatus*).

Sommer-Sukkulentengarten

Eine besondere Attraktion ist seit 1998 der Sommer-Sukkulentengarten, eine der größten Anlagen dieser Art in Europa. Der schönste Blick auf diesen Themengarten bietet sich von Westen, wenn man unter der Verbindungsbrücke zwischen Tropicarium Süd und Nord hindurchgeht. Das Spektrum der Pflanzen umfasst neben Kakteen zahlreiche andere Sukkulenten, vor allem aus Südamerika. Sobald im Spätfrühling die Frostgefahr vorbei ist, werden sie nach und nach ins Freie gepflanzt – samt Kübel, um sie ohne Schaden fürs Wurzelwerk von September an wieder ins Gewächshaus zurückzubringen. Die Gestaltung der Miniatur-Landschaften imitiert die natürlichen Standorte, mit Lavagestein und Lavasand aus der Eifel (Südamerika-Beet) sowie Bessunger Kies, Allgäuer Kalkstein und Quarzsand (Afrika-Beet).

Als „Sukkulenten" werden Pflanzen bezeichnet, die Wasser speichern und so Dürreperioden überstehen. Je nachdem, wo sich das Speichergewebe befindet, unterscheiden Botaniker zwischen Blatt-Sukkulenten (z. B. Fetthenne, Agave oder Aloe), Stamm-Sukkulenten (z. B. Kakteen und viele Wolfsmilchgewächse) oder Wurzel-Sukkulenten (einige Pelargonien-Arten).

Gleich links nach der Tropicariumsbrücke finden sich ganzjährig mehrere imposante Araukarien *(Araucaria araucana)*. Dieser Baum beherrscht sommers auch das Amerika-Beet. Meterhoch ragen daneben die Blütenstände der Palmlilien *(Yucca)* auf. Zu den Sukkulenten der Neuen Welt gehört die Gattung *Agave*. Mit fleischigen langen Blattsäbeln hebt sich z. B. *Agave americana* von der zierlichen *A. sisalana* ab. Besonders prächtig im Amerika-Beet sind die stattlichen Exemplare der Kugelkakteen *(Echinocactus grusonii)*. Schlanke Säulenkakteen, z. B. *Cleistocactus straussii*, finden sich ebenfalls. Am kandelaberförmigen Wuchs ist *Espostoa lanata* zu erkennen. Viele

Kugelkakteen zwischen Lava-Gestein

Kakteen blühen regelmäßig, so der Felsenkaktus (*Cereus peruvianus*) oder die Gattungen *Ferocactus* und *Opuntia*. Eine niederliegende Kaktee ist *Echinopsis imperialis*. Kalifornischer Schlafmützenmohn (*Eschscholtzia californica*) zaubert im Hochsommer tausende Blüten in Gelb und Orange. *Portulaca*-, *Petunia*- und *Tagetes*-Arten sorgen ebenfalls für reichen Flor.

Wolfsmilch und Drachenbaum

Eindrucksvoll recken sich im Afrika-Beet die Säulen-Euphorbien in die Höhe. Da diese sukkulenten Arten der Wolfsmilch (*Euphorbia*) an Kakteen erinnern, werden sie oft mit ihnen verwechselt. Die Blüte von *Euphorbia abyssinica* oder *E. tirucalli* ist eher unspektakulär. Für Farbakzente sorgen Duftpelargonien sowie *Gazania*- und *Felicia*-Arten oder das Löwenohr (*Leonotis nepetifolia*).

Für Aufsehen im Sukkulentengarten sorgen auch bizarre Drachenbäume wie *Dracaena draco*. Diese „uralten Dickhäuter im Pflanzenreich" ordnen Botaniker inzwischen wie Agaven den Spargelgewächsen (Asparagaceae) zu. Neben amerikanischen Agaven kulitiviert der Palmengarten auch die in Afrika heimischen Aloen in großer Zahl. Das ganze Jahr über können die Fettpflanzen in der nicht öffentlichen Kakteen- und Sukkulenten-Sammlung bestaunt werden: Am Tropicarium Nord ist sie von außen durch die Glasfenster einsehbar.

Palmen-Experimente

Ein paar Schritte weiter ist vor dem Flachbau mit den Arbeitsräumen der Gärtner ein Beet zu beachten, in dem die Winterfestigkeit einiger Palmen erprobt wird. Neben den sehr frostverträglichen Hanfpalmen (*Trachycarpus fortunei*) wachsen hier auch *Trachycarpus wagnerianus*, *Rhapidophyllum hystrix*, die Honigpalme (*Jubaea chilensis*) und *Sabal minor* ganzjährig im Freien.

Ganzjährig im Freien: Ein Beet voller Palmen am Tropicarium

Fuchsien-Beet

Hinter dem Tropicarium Nord werden sommers auch Fuchsien ins Freie gepflanzt. Schon um 1910 gab es im Palmengarten eine Sammlung dieser Nachtkerzengewächse. Die hier 1981 gegründete Deutsche Fuchsien-Gesellschaft schürte erneut den Ehrgeiz auch der Palmengärtner beim Ausbau und Erhalt des umfangreichen Sortiments. Jedes

Treffpunkt für Fuchsien-Freunde

Jahr wird ein anderes Ensemble aus hängenden, strauchartigen oder zu Hochstämmchen gezogenen Fuchsien gestaltet.

Beheimatet sind die etwa 100 Wildarten der Gattung *Fuchsia* vor allem in Südamerika, einige in Neuseeland. Die Schatten und Feuchtigkeit liebenden Pflanzen kommen als Halbsträucher, Sträucher oder kleine Bäume vor. Charakteristisch sind die hängenden Blüten. Benannt ist die Gattung nach dem Tübinger Mediziner und Botaniker Leonhart Fuchs (1535–1566). Die Zahl der Hybriden und Sorten in den verschiedensten Farben, Formen und Größen lässt sich heute kaum mehr schätzen.

Der Seerosenteich und die Steppenpflanzung

Seerosenteich

Bei den Frankfurter Palmengärtnern haben Seerosen eine lange Tradition: In den früheren Schauhäusern gab es seit 1906 ein „Victoria-Haus". 1987 wurde das Glasbau-Ensemble abgerissen; nur die Mittelhalle blieb erhalten und bildet heute das Eingangsschauhaus. Im Brunnenbecken davor blühen heute noch Seerosen, ebenso im Teich am Verwaltungsgebäude (s. S. 20 u. 45). Im beheizten Becken vor dem Mangroven-Haus des Tropicariums Nord ist die schönste und exotischste Auswahl zu sehen, oft sogar bis in den Spätherbst.

Die riesigen Blatt-Teller der tropischen Seerosen am Tropicarium

Stabil genug für
ein Kleinkind

Aus der Familie der Seerosengewächse (Nymphaeaceae) zeigt der Palmengarten sommers tropische und heimische Arten. Blickfang im Becken am Tropicarium sind die riesigen tellerartigen Blätter von *Victoria cruziana* und *V. amazonica*. Deren Blattdurchmesser beträgt im heimatlichen Südamerika bis zu 2 m, in Frankfurt oft über 1 m. Mehrjährig am natürlichen Standort, stirbt *Victoria* hierzulande im Winter ab und wird zu Jahresbeginn neu ausgesät. Anfang Mai kommen die Jungpflanzen aus den Anzuchts-Aquarien ins etwa 25 Grad warme Außenbecken. Die bis 40 cm breiten, duftenden Blüten bilden sich im Hochsommer. Anfangs weiß, später rosa oder rot, öffnen sie sich in zwei aufeinander folgenden Nächten.

Die aus Ostasien stammende *Euryale ferox* besitzt ähnlich attraktive Schwimmblätter, die unterseits wie bei der *Victoria* purpurrot sind. Als Schutz vor Fressfeinden besitzen sie wie die rötlichvioletten Blütenknospen und die Stiele feste Stacheln, die auch die Stabilität erhöhen. Im Herbst bilden sich stachlige Früchte. Samen und Rhizome dieser tropischen Wasserpflanze sind essbar, weshalb sie in China und Indien oft kultiviert wird. Winterhart sind die *Nymphaea*-Hybriden. Im Sommer blühen am Tropicarium auch bezaubernde Lotosblumen (*Nelumbo nucifera*).

Legendäre Schönheit: die Lotosblüte

Geht man in Richtung Nord weiter, öffnet sich linker Hand vor dem Subantarktishaus ein offenes Gelände, das vom Frühsommer bis in den Herbst zu einer botanischen Erkundungstour der besonderen Art einlädt.

Später Sommerflor: Dahlien

Steppenpflanzung und Blumenwiese

1989 bekam der Palmengarten die Chance, sich zu erweitern, ohne seine Grenzen zu überschreiten. Jahrzehntelang hatte auf rund drei Hektar seines Areals ein Tennisclub residiert, mit Clubhaus und Tennisplätzen – ein Relikt aus der Frühzeit, als der Sport eine wichtige Rolle im Palmengarten spielte. Nach dem lang ersehnten Auszug des Vereins wurde die Fläche saniert und Platz für eine Steppen-Anlage geschaffen. Sie zeigt Pflanzen, die extreme Trockenheit vertragen.

Windgepeitscht: Gräser der Steppe

Das Gelände ist nach der geographischen Herkunft der Pflanzen geordnet; diese reicht von europäischen, vor allem mediterranen Trockenstandorten über Vorderasien und den Kaukasus bis zu den Steppen Asiens und den Prärien Nordamerikas. Am faszinierendsten ist die Steppenpflanzung zur Blütezeit von Frühjahr bis Spätsommer. Bei Nebel oder Raureif im Winter zeichnen die Fruchtstände der vielen Gräser ein filigranes Pflanzen-Stillleben in die Landschaft.

Aufwändige Bodenarbeiten

Um die nötigen Standortbedingungen zu schaffen, erfolgten aufwändige Bodenarbeiten. Denn Niederschlagsmengen wie in Frankfurt vertragen die Trockenheitskünstler unter den Pflanzen nur schlecht. Beim Aufbau des Untergrunds wurden daher mit grobem Gestein gefüllte Drainage-Kanäle angelegt. Auch das Substrat mischte man sorgsam, um magere, wasserdurchlässige Rohböden zu erhalten.

An die Steppe schließt sich eine Naturwiese an – mit Blumen, Wildkräutern und Gräsern der mitteleuropäischen Halbtrockenrasen. Gemäht wird nur zweimal im Jahr, damit sich die Arten selbst aussäen.

Trockenpflanzen oder Xerophyten haben unterschiedliche Strategien entwickelt, um die geringe Wasserzufuhr optimal zu nutzen und zu speichern, etwa durch weit verzweigte, tiefgründige Wurzelsysteme, Zwiebeln, Knollen oder Rhizome. So finden sich hier Frühjahrsgeophyten wie Krokus (*Crocus*), Tulpen (*Tulipa*), Lauch (*Allium*), Schwertlilie (*Iris*) oder Steppenkerze (*Eremurus*). Um bei sengender Hitze so wenig Wasser wie möglich zu verdunsten, sind die Blätter oft mit einem grauen Filz überzogen wie bei Salbei (*Salvia*) oder Brandkraut (*Phlomis*). Blattsukkulenten wie Fetthenne (*Sedum*) speichern genügend Feuchtigkeit für monatelange Trockenzeiten. Duftende Kräuter wie Lavendel (*Lavandula*), Thymian (*Thymus*), Beifuß (*Artemisia*) oder Ysop (*Hyssopus*) vermindern durch die Ausscheidung ätherischer Öle gleichfalls die Verdunstung und damit ein Austrocknen.

Federgräser begnügen sich mit minimaler Blattfläche, das Büschelfedergras *(Stipa capillata)* wiederum rollt bei Wassermangel zusätzlich seine Blätter ein.

Auch Kugeldistel *(Echinops)*, Silberdistel *(Carlina)* oder Natternkopf *(Echium)* finden sich im Steppenbeet.

Immer saftig grün ist die Wolfsmilch *(Euphorbia)*

Am sommerlichen Blütenzauber beteiligt sind unter anderem Sonnenhut *(Rudbeckia)*, Mädchenauge *(Coreopsis)*, Fingerhut *(Digitalis)*, Flockenblume *(Centaurea)*, Königskerze *(Verbascum)* und Prachtkerze *(Gaura)*.

Das Subantarktishaus
und der Goethe-Garten

Subantarktishaus

Bei einem Wolkenbruch ist dieser Pavillon am schönsten – nicht nur, weil er Schutz vor dem Regen bietet. Wenn drinnen die Tropfen heftig auf das Glasdach trommeln, fühlt sich der Besucher einmal mehr in eine andere Welt versetzt. Hier zeigt der Palmengarten eine Vegetation aus den kühl-gemäßigten Regionen nahe der lebensfeindlichen Antarktis. 30 m lang und 8 m breit ist das intim anmutende Glaspalais, das 1904 als Palmenhaus in Bad Kissingen errichtet wurde. Als die Kurstadt den Jahrhundertwende-Bau ausrangierte, kam er

Pflanzen der regenreichen Subantarktis-Regionen zeigt dieses Schauhaus nahe der Steppenwiese

Moorlandschaft mit Chilenischen Flusszedern

nach Frankfurt. Seit 1992 beherbergt er das Subantarktishaus. Mit den Pflanzen einer kaum bekannten Klimazone ist die Anlage einmalig in Deutschland.

„Antiwärmehaus" dank Spezialglas

Um die Vegetation in der Nähe des Südpols zu präsentieren, musste das dortige feucht-frische Klima imitiert werden – in einem Gewächshaus, das sich naturgemäß mit jedem Sonnenstrahl aufheizt. Das Problem wurde gelöst, indem man in das historische Stahlskelett bräunlich gefärbtes Solstopp-Glas einfügte. So lassen sich die Infrarotstrahlen reflektieren, jene Wellenlängen des Sonnenlichts, die für die Wärmeentwick-

lung verantwortlich sind. Automatische Belüftung und Bene-
belung reduzieren ebenfalls den Treibhauseffekt. Im Sommer
liegt die Temperatur meist um 8 °C unter den Außenwerten.

Ausgedehnte Wälder, Strauchgesellschaften, Heiden und
Moore sind charakteristisch für die regenreichen Gebiete
der subantarktischen Region. Sie umfasst den südlichsten
Zipfel des amerikanischen Kontinents samt vorgelagerter
Archipele genauso wie die Inseln Neuseelands. Beiden Zonen mit ihren vielfach endemischen Pflanzen ist je ein Sei-
tenflügel des Hauses gewidmet.

Wer die Eingangstür hinter sich geschlossen hat, findet
links die von rotem Sandstein durchsetzte Pflanzenwelt
Süd-Chiles, Patagoniens, Feuerlands und der Falkland-Inseln. In der Mitte ist eine Moorlandschaft mit Gräsern und
Polsterpflanzen nachgebildet. Das schwärzliche Wasser wird
von einer Gruppe Chilenischer Flusszedern (*Pilgeroden-
dron uviferum*) beherrscht – das nur in dieser Region vor-
kommende Zypressengewächs ist vom Aussterben bedroht.
Gleiches gilt für den Alerce (*Fitzroya
cupressoides*) am Ufer des Bachs. Dieses
Nadelgehölz wächst sehr langsam,
kann aber 2.000 Jahre alt werden.

Laurelia sempervivens und *Aextoxicon
punctatum* sind weitere Beispiele für
immergrüne Pflanzen. Auch eine in
Feuerland beheimatete Winterrinde
(*Drimys winteri*) wächst dort.

Aus dem Süden Feuerlands kommt
das Liliengewächs *Philesia magellanica*,
dessen rote Trichterblüten von Kolibris
bestäubt werden. Die Nationalblume
Chiles ist *Lapageria rosea*. Sie entwik-
kelt wachsartige rosarote Blütenglo-
cken. In der Nähe steht ein Vertreter der
Südbuchen (*Nothofagus*), die zu den

Lapageria rosea,
die National-
blume Chiles

charakteristischen Baumarten des bis 1.400 m ansteigenden patagonisch-magellanischen Waldes gehören.

Steineiben und Südbuchen

Auf der rechten Seite des Hauses wachsen Pflanzen der Gebirge von Neuseelands Südinsel und benachbarter Inseln im Südpazifik. Die Szenerie umfasst einen kleinen Wasserfall. Ringsum sind weitere Südbuchen (*Nothofagus*) zu finden. Vor der Glasfront in Richtung Steppenwiese steht feingliedrig das Steineibengewächs *Dacrydium cupressinum*: Seine überhängenden Äste muten wie kuriose Bärte an. Dichte Sträucher bilden ringsum auch die Steineiben (*Podocarpus hallii*). *Phyllocladus trichomanoides* und *alpinus* sind wie der benachbarte Baumfarn *Dicksonia squarrosa* typische Vertreter des Fjordlandes.

Ein kleinblättriger Bodendecker ist *Gunnera prorepens*, dessen Gattung sonst für Riesenblätter bekannt ist. An die blattlosen Ruten unseres Ginsters erinnert *Carmichaelia australis* mit violetten Blüten. Unter den Korbblütlern sei die Gattung *Olearia* genannt, die nur auf der Südhalbkugel zu finden ist.

Binsenlilie und Magellan-Blaugras

Auch im Freien wachsen Pflanzen aus dem äußersten Süden Lateinamerikas: 2011 wurde ein Außenbeet am Eingang des Schauhauses angelegt. Immergrün ist *Fabiana imbricata*, ein reichverzweigter Strauch aus der Familie der Nachtschattengewächse, der im Frühsommer unzählige weiße, röhrenförmige Blüten bildet. Etwa zeitgleich leuchtet der goldgelbe Flor der Binsenlilien-Art *Sisyrinchium macrocarpum*. Aus Patagonien und Feuerland stammen verschiedene *Acaena*-Arten wie *A. myriophylla* und *A. pinnatifida*. Mit silberblauen Halmen überrascht das Magellan-Blaugras (*Elymus magellanicus*). Winters wird das Beet mit Vlies abgedeckt. Als erster Frühlingsbote blüht strahlend-weiß das Magellan-Felsenblümchen (*Draba magellanica*).

Goethe-Garten

Beim Verlassen des Subantarktishauses wecken zur Linken blau leuchtende Metallstelen die Aufmerksamkeit: Sie sind Teil des Goethe-Gartens. Nicht ohne Grund wird Johann Wolfgang von Goethe an dieser Stelle geehrt. Just hier soll im 18. Jahrhundert Vater Johann Caspar Goethe ein Grundstück beackert haben. Ob sein später so berühmter Sohn wirklich Hand anlegte bei der Pflanzung der einstmals 1.000 Obstbäume, mag einer glauben oder nicht. Überliefert ist, dass „Frau Aja", Goethes Mutter, mit ihren Kindern die Streuobstwiese pflegte.

Zum 250. Geburtstag des Dichterfürsten veranstaltete der Palmengarten 1999 die viel beachtete Ausstellung „Goethe und die Pflanzenwelt" und widmete dem berühmten Frankfurter auch das Gärtchen im Gartenreich. Gestiftet wurde es von der Allianz-Umweltstiftung, gestaltet haben es der Landschaftsarchitekt Dietmar Bretsch und die Künstlergruppe „Odious". Etwas erhöht befindet sich ein Becken. Seine Form ebenso wie die stählernen Plättchen, mit denen es statt mit Wasser gefüllt ist, sind einem *Ginkgo-biloba*-Blatt nachempfunden.

Das diesem Baum gewidmete Gedicht ist wie andere Verse auf bunten Stelen nachzulesen. Ein Brunnen mit kugelförmiger Fontäne, Apfelbäume und mediterrane Gehölze wie Feige und Zitrus ergänzen das Ensemble. Im Sommer werden hier Lesungen veranstaltet.

Äpfel am Baum und
Gedichte auf Stelen

Aus Stahl: Blätter des Ginkgo, einer typischen „Goethe-Pflanze"

Älter als der Palmengarten: die Eibe

Ein Methusalem unter den Gehölzen ist die alte Eibe (*Taxus baccata*). Sie steht, gut 15 m hoch, zwischen dem nicht zugänglichen Gewächshaus der Botanischen Sammlungen und dem Spielplatz. Das Alter des Nadelgehölzes wird auf 350 bis 400 Jahre geschätzt. 1907 wurde diese historische, doch immer noch wüchsige Eibe in einer spektakulären, 18 Tage dauernden Aktion aus dem ehemaligen Senckenbergischen Garten hierher transportiert. Eine Tafel auf dem Spielplatz berichtet darüber.

Haus Leonhardsbrunn, Alpinhäuser und Staudengarten

Vom Subantarktishaus gelangt man in wenigen Schritten zu jenem Gartenbereich, den Familien mit Kindern oft zuallererst besuchen. Hier befinden sich der neue Wasserspielplatz, eine Minigolf-Anlage, ein Kinderkiosk sowie der große Spielplatz zum Austoben auf Klettergerüsten oder Rutschbahn (s. S. 121).

Ganz nahe liegt auch die Spielwiese, die im März, während der Ausstellung „Garten", als sonniger Schauplatz für die beliebte Pflanzenraritätenbörse dient. Hinter der Rasenfläche erhebt sich das von zwei Alpinhäusern flankierte Haus Leonhardsbrunn. 2009 renoviert, verleiht das traditionsreiche Bauwerk diesem Gartenteil ein südliches Flair.

Haus Leonhardsbrunn

Eine bewegte Geschichte rankt sich um das Gebäude an der heutigen Nordgrenze des Gartens. Es heißt Haus Leonhardsbrunn – wie die zugehörige Quelle, die im 16. Jahrhundert ihren Namen nach dem einst benachbarten Leonhardsstift erhielt. Die Eigentümer des Geländes wechselten mehrfach.

Ursprünglich im Familienbesitz der Rothschilds, gehörte es von 1834 bis 1896 dem Garten-Architekten Friedrich Grüneberg. Er betrieb hier eine „Milchkuran-

Frankfurts „Skyline", von Haus Leonhardsbrunn aus gesehen

Wie ein Landsitz im Süden: Haus Leonhardsbrunn

stalt", wie es in den Archiv-Aufzeichnungen heißt. Danach gingen Palais und Areal wieder an die Familie Rothschild zurück, die es der Stadt Frankfurt zunächst verpachtete. 1908 erwarb die Stadt das Anwesen mit einer Spende der Familie Mumm, unter der Maßgabe, dass bis 1928 keine Bäume gefällt und keine Bauten in der Nähe errichtet würden.

Derlei Bedingungen waren längst passé, als man das Haus um 1979/80 nach alten Plänen in den Zustand von 1860 zurückversetzte. Die beiden Seitenschiffe des „Gärtnerschlösschens" wurden dabei zu Gewächshäusern für alpine Pflanzen umgebaut, die wie auf einer Naturbühne präsentiert werden und bequem von außen einsehbar sind. Auch die glasüberdachten Rundtürme hat man damals sorgsam rekonstruiert.

Von 1934 bis 2004 war Haus Leonhardsbrunn an eine Berufsschule vermietet. Seit 2009 ist in dem Bauwerk das zukunftsweisende Projekt „Kinder im Garten" für die jüngsten Palmengartenbesucher untergebracht (s.S. 120 u. 146).

Alpinhäuser und Rundtürme

Als Appendix zum Steingarten (s. S. 55) werden in den tonnenartig verglasten Seitenschiffen von Haus Leonhardsbrunn

Eine südafrikanische Distel:
Berkheya cirsifolia

nicht winterharte Pflanzen kultiviert. Im Frankfurter Winter fehlt ihnen die monatelange Schneedecke wie am Naturstandort; auch das Wasser fließt bei Dauerregen im Flachland nicht so schnell ab wie an humusarmen Felshängen.

Die Alpinhäuser präsentieren direkt in Augenhöhe jene filigranen Gewächse, deren meist graufilzige Blätter auch gegen Austrocknung gewappnet sind. Der Begriff „alpine Pflanzen" umfasst nicht nur Gewächse der Alpen, sondern auch der Pyrenäen, des Kaukasus oder des Himalaja, um nur einige Gebiergsregionen zu nennen.

Im rechten Alpinhaus und auf den Beeten davor sind Gebirgspflanzen der Südhemisphäre zu sehen, also aus Südamerika, Afrika und Australien. Im linken Alpinhaus und auch davor werden Pflanzen aus Gebirgsregionen der Nordhemisphäre gezeigt. Diese Anordnung befindet sich derzeit im schrittweisen Aufbau. Die Rundtürme dienen der Präsentation ausgewählter Beispiele aus botanischen Sammlungen: Im Ostturm (rechts) stehen zur Zeit Pflanzen der Insel Tasmanien, im Westturm entdeckt man Zitrusgewächse.

Die Spielwiese

Die Eingangstreppe von Haus Leonhardsbrunn ist sommers von ausladenden *Phoenix*-Palmen gesäumt. Von hier aus bietet sich ein schöner Blick auf die üppig bepflanzten Schmuckbeete und den meist saftiggrünen Rasen. Bei gutem Wetter blinken silbrig in der Ferne auch die Hochhäuser des Frankfurter Bankenviertels.

Die riesige Spielwiese erinnert wieder an die Bestimmung der Westend-Oase, die auch zur Erholung animieren soll. Im Kreis um die Grünfläche herum fährt im Sommer der „Palmen-Express" zu seiner Haltestelle. Die zwei sphinx-artigen Sandstein-Löwen sind ein Geschenk der Familie von Bethmann. Bevor sie 1961 in den Palmengarten kamen, standen sie im Frankfurter Bethmann-Park.

In den Beeten vor Haus Leonhardsbrunn werden sommers oft Pelargonien aus dem umfangreichen Sortiment des Palmengartens gezeigt. Die Pflanzen der vielgestaltigen Gattung *Pelargonium* werden im Volksmund fälschlicherweise „Geranien" genannt, obwohl eine eigene Gattung *Geranium* existiert: der Storchschnabel. Die Beete im Halbkreis zeigen in den Sommermonaten eine jeweils wechselnde Auswahl aus der gleichfalls sehr reichen Dahliensammlung des Gartens.

Geht man von Haus Leonhardsbrunn linker Hand weiter Richtung Minigolfplatz, ist eine Leas-Eiche (*Quercus* x *leana*) mit beachtlichem Stammumfang zu entdecken. Diese natürliche Kreuzung von Schindel- und Färbereiche aus Nordamerika gilt als raschwüchsig, wird jedoch in Parks selten kultiviert. An den beiden Löwen vorbei führt der Weg zu *Sophora davidii*, einem strauchigen Blütengehölz aus China mit violettem Flor. Orangefarben strahlt im Herbst eine Pontische Eiche (*Quercus pontica*).

Ein typisches Staudenbeet mit Höhenstaffelung

Der Staudengarten

Von Haus Leonhardsbrunn führt in westlicher Richtung ein schöner Weg in den Staudengarten, der bis zum Quellbecken nahe der Villa Leonhardi reicht. Rechter Hand passiert man zunächst die nicht-öffentliche Gärtnerei (s. S. 143). Das kleine Bauwerk im Schatten der Bäume wurde bislang als Blütenhaus genutzt. Für die Zukunft hat der Palmengarten bereits Pläne: Dort soll, sobald die Finanzmittel bereitstehen, ein „Blüten- und Schmetterlingshaus" eingerichtet werden.

Beet- und Schmuckstauden säumen den Hauptweg der Anlage, die ein Bach durchfließt. Jedes Frühjahr beginnt ein neuer Wachstumszyklus, denn die oberirdischen Blatt- und Blütensprosse sterben bei den meisten Stauden im Winter ab. Bei einigen Gattungen wie den Elfenblumen (*Epimedium*) bleiben nur bodenständige Sprosse sichtbar. Andere wie *Waldsteinia* behalten auch ihre Blätter. Bergenien färben ihr Laub purpurrot, *Iris japonica* tönt ihre Blattsäbel orange.

Die Lebensräume von Wildstauden sind so vielfältig wie ihr Aussehen, sie reichen von humusarmen, trockenen und sonnigen Lagen wie im Steingarten bis hin zu feuchten, tiefgründigen Standorten in schattigen Wäldern, an Bachufern oder in Sümpfen. Kriechende Arten wie Steinbrech (*Saxifraga*) und Fetthenne (*Sedum*) sind ebenso Stauden wie Seerosen (*Nymphaea*), Wasserdost (*Eupatorium*) oder Binsen (*Juncus*), Farne wie *Dryopteris* oder *Polystichum* sowie die breite Palette an Gräsern, darunter das beliebte Federbüschelgras (*Pennisetum*) oder Bambus. Für bunten Sommerflor sorgen Rittersporn (*Delphinum*), Flammenblume (*Phlox*) oder Sonnenhut (*Rudbeckia*). Auch die vielfältigen Gehölze im Staudengarten sind beachtenswert. Kamelien-Freunde finden z. B. vor dem Blütenhaus winterharte Hybriden von *Camellia japonica* und *C. sasanqua*.

Da Staudengärten immer wieder in Façon gebracht werden müssen, ist auch hier eine schrittweise Umgestaltung der 30 Jahre alten Anlage geplant. Einen Schwerpunkt sollen dann Pfingstrosen (*Paeonia*) bilden. Von dieser Gattung, die Stauden und Sträucher (Strauchpäonien) umfasst, kultiviert der Garten eine wertvolle Sammlung.

Wer dem Rundgang bis hierher folgte und jetzt zum Ausgang strebt, hat drei Möglichkeiten. Hinter der Villa Leonhardi gelangt man durch ein Drehkreuz auf die Zeppelinallee. In Richtung Osten führt der Weg über den Oktogonbrunnen zum Eingang und Parkhaus Siesmayerstraße. Der Süd-Ausgang am Gesellschaftshaus ist am weitesten entfernt. Beim Spaziergang dorthin lässt sich freilich nochmals viel Palmengarten-Flair erleben.

Pflanzen
Leben
Kultur

Gärtnerisch-botanische
Veranstaltungen im Palmengarten

Immer wieder überrascht der Palmengarten mit der Vielfalt seiner Veranstaltungen. Neben den traditionsreichen Blumenschauen, Führungen und Vorträgen gibt es jedes Jahr immer auch Sonderausstellungen. Musik, Literatur und Kunst (s. S. 116) begleiten ebenfalls das Gartenjahr. Nachfolgend werden die Aktivitäten zu gärtnerischen und botanischen Themen vorgestellt.

Sonderausstellungen
Ihr umfassendes Wissen vermitteln die Botaniker und Gärtner in immer neuen Themenausstellungen. So konnten sich Besucher in den vergangenen Jahren über „Farbe in der Natur" oder „Goethe und die Pflanzenwelt", über „Magische Pflanzen" oder „Pflanzen und Menschen Südwestchinas" informie-

Die Frühlingsblumen-Ausstellung verwandelt
die Galerie am Palmenhaus in ein Blütenmeer

ren. Eine Entdeckungsreise ins Reich der ölhaltiger Gewächse bot 2011 „Tausend und ein Öl". 2012 wurden pflanzliche Aromen unter dem Motto „Gut gewürzt" präsentiert. Zu jeder Ausstellung gibt es ein Begleitheft (s. S. 158).

Ökologisches „Stadt-Grün"

Auch mit anderen Veranstaltern kooperiert der Garten. So gastierte hier das Deutsche Architekturmuseum 2010 mit der Schau „Stadt-Grün – Europäische Landschaftsarchitektur für das 21. Jahrhundert". Vorgestellt wurden 27 internationale Beispiele für eine nachhaltige Begrünung urbaner Räume, darunter Patrick Blancs Prototyp für einen hier geplanten Vertikalen Garten.

Alle zwei Jahre beteiligt sich der Westend-Park an der Frankfurter „Luminale". 2012 waren dabei über ein Dutzend künstlerischer Licht-Spektakel zu bestaunen. Auch populäre Großveranstaltungen mit bis zu 180.000 Besuchern wie eine Insekten-, eine Dinosaurier- oder eine Pyramiden-Ausstellung bereicherten schon das Programm. Bei einer zweimaligen „Flugshow tropischer Schmetterlinge" forderte das begeisterte Publikum deren dauerhafte Einrichtung. Immer wieder zeigen auch Naturfotografen ihr Schaffen.

Ein Vertikaler Garten im Miniaturformat

Blumenschauen und Gartenmesse

Mit den wiederkehrenden Blumenausstellungen lenkt der städtische Garten den Blick auf die jeweilige Blütensaison und seine umfangreichen Sammlungen. Schauplatz ist meist die Galerie am Palmenhaus. Eröffnet wird der Reigen mit der *Kamelienschau* im Januar. Anfang Februar und im August zeigen frisch gekürte Gärtner *„Junge Floristik"*. Bei der *Frühlingsblu-*

menschau bieten tausende Zwiebelpflanzen oft schon von Ende Februar an ein Blütenmeer. Mitte März findet alljährlich die Informations- und Verkaufsausstellung „Garten" statt. 2007 neu konzipiert, bietet die Schau mit über 100 Ausstellern vier Tage lang alles, was Pflanzenfreunde und Gärtner benötigen, um zu Hause ihre grünen Oasen zu gestalten. Zentrum der Gartenmesse sind eine malerische Pflanzen-Raritätenbörse und das Informationszelt des Netzwerks „BioFrankfurt".

Ein „Muss" für alle Fans: die Orchideenschau

Orchideen, Azaleen und Rosen
Bei der *Orchideenschau* stellt der Palmengarten nicht nur eigene Schätze dieser faszinierenden Pflanzenfamilie aus. Wie zur Orchideenbörse im Herbst bieten auch Fachbetriebe Neuheiten an. Auf die *Azaleenschau* Ende März oder Anfang April folgt bald schon im Freiland die Rhododendronblüte. Im Juni beginnt die Rosensaison. Höhepunkt ist neben der *Rosenschau* in der Galerie und dem Blütenmeer im davor liegenden Themengarten das *Rosen- und Lichterfest*. Anschließend herrschen üppiger *Sommerflor* und die *Dahlienblüte*. Die dritte Jahreszeit umfasst neben der *Erntedankschau* mit Kinderfest auch *Blumen des Herbstes*, allen voran Chrysanthemen.

Kamelien
Erst 2001 kehrten in die wertvolle Kamelien-Sammlung des Palmengartens drei historische Sorten aus Italien zurück, da-

runter eine 'Francofurtensis', wie sie schon 1835 in der Main-stadt geblüht haben soll. Der Blütenzauber einer der ersten Kamelienschauen in der Galerie am Palmenhaus veranlasste 1872 sogar die Berliner Illustrierte „Die Gartenlaube" zu ei-ner begeisterten Notiz. Die zu den Teegewächsen gehörende Gattung der „Lorbeerrosen" umfasst etwa 100 Wildarten, die meisten stammen aus Ostasien. Unter den rund 200 von den Palmengärtnern kultivierten Kamelien sind zahlreiche Hy-briden der robustesten Art *Camellia japonica*.

Erlebnisführungen und Vorträge

Als öffentliche Einrichtung lädt der Palmengarten regelmäßig dazu ein, über ausgewählte Pflanzen, Schauhäuser und The-mengärten mehr zu erfahren als bei einem individuellen Rundgang. In mehr als 1.000 Führungen und Praktika pro Jahr werden Gehölze oder Kräuter, Sommer- und Herbstflor unter die Lupe genommen, auch Nutzpflanzen oder prominente Pflanzengruppen wie Pal-men, Bromelien und Orchideen.

Schnell ausgebucht sind stets die Abend- oder Nachtwanderungen; das-selbe gilt für die Erlebnisführungen, die sich auf die Spur von essbaren Früch-ten, Zauber- oder Liebespflanzen ma-chen, Kostproben und Überraschungen inklusive. Vorträge im Siesmayer- und im neuen Palmensaal begleiten dieses Angebot zur oft auch heiteren Vertie-fung botanischer Kenntnisse. Wissens-vermittler sind neben Botanikern, Gärt-nern und der Grünen Schule auch Referenten von außerhalb. Viele Veran-staltungen werden von der Gesellschaft „Freunde des Palmengartens" angebo-ten oder gefördert (s. S. 150).

Gebannte Zuhörer:
Eine Führung
zum Thema Iris

Kulturprogramm:
Musik, Kunst und Literatur

Künstler aller Sparten präsentieren sich im Palmengarten und verleihen damit der viel zitierten „Gartenkultur" gleich doppelt Nachdruck. Die Musik bildete von Anfang an einen Grundpfeiler. Seit den neunziger Jahren umfasst das Programm vermehrt auch bildende Kunst und Literatur. Bei der Suche nach unverbrauchten *locations* ist ja eine kunstvolle Naturkulisse längst hochbegehrt. So lockt das Rosen- und Lichterfest mit immer mehr Programmpunkten und fulminantem Feuerwerk alljährlich zehntausende Besucher an. Mit dem Papageno-Theater erhielten Kinderopern und Musicals einen Platz im Park. Die Teilnahme an städtischen Großveranstaltungen wie „Luminale" oder „Nacht der Museen" bringt überdies ein Stück „Event-Kultur" ins ehrwürdige Gartengrün.

Licht-Spektakel mit Palmen

Musikalische Tradition

Seit 1872 haben Musiker im Palmengarten ein Podium (s. S. 39). Sogar ein Superlativ krönt das Programm, denn „Jazz im Palmengarten" ist offenbar weltweit die älteste Open-Air-Konzertreihe ihrer Art. 1958 initiiert und bis zum Jahr 2002 geleitet wurde sie von Werner Wunderlich. Ihm ist es zu verdanken, dass nicht nur junge Talente, sondern auch die Stars der deutschen Jazz-Szene wie Wolfgang Dauner, Christof Lauer oder Eberhard Weber für unvergessliche Konzerte unter freiem Himmel sorgten. Auch der verstorbene Albert Mangelsdorff war dem Palmengarten über Jahr-

1955: Ein Konzert unter der Leitung von Helmut Steinbach

zehnte hinweg verbunden und trat hier mit renommierten Kollegen auf. Schon die Amerikaner übertrugen von 1945 bis 1948 jeden Samstag im Armee-Sender AFN Jazz live aus dem Palmengarten.

Stetig erweitert und modernisiert, umfasst das Musikprogramm inzwischen viele Sparten und garantiert den Auftritt regionaler wie internationaler Solisten und Bands. Die Reihe „Weltmusik – Summer in the City" wird in Zusammenarbeit mit dem Mousonturm veranstaltet. Für „Blues im Palmengarten" kooperiert der Garten mit dem amerikanischen Generalkonsulat und der Frankfurter Rundschau. Auch die Kammeroper Frankfurt zeigt jedes Jahr drei Wochen lang eine neue Produktion. Studenten der Frankfurter Hochschule für

Trat oft im Palmengarten auf: Albert Mangelsdorff

Musik haben neuen Schwung in die traditionsreichen „Promenadenkonzerte" gebracht. Die Freiluft-Saison dauert von Mai bis September, ein Programm-Flyer informiert alljährlich über sämtliche Konzerte.

Kunst unter freiem Himmel

Bei einem Rundgang entdeckt man viele Skulpturen, die noch aus der Frühzeit des Gartens stammen, wie „Perseus und Andromeda" von Jacob Gustav Keupert in der Nähe des Oktogonbrunnens. Auch ein „Pluto" (nahe Villa Leonhardi) oder ein „Panther" (im Tropicarium) sind skulpturale Zeugen einstigen Kunstschaffens, ebenso die „Märchenerzählerin", die im Goethe-Garten die Dichter-Mutter mit Sohn darstellt.

Zeitgenössische Kunst findet in Wechselausstellungen ein Forum im Palmengarten, meist parallel zu den Blumenschauen in den Galerien, manchmal im Freiland. Ob Studenten der Offenbacher Hochschule für Gestaltung oder gestandene Bildhauer, Fotografen, Zeichner und Maler auf einer Tournee durch Deutschland hier ihr Schaffen zeigen – die Werke regen die Besucher nicht selten zum munteren Disput an.

Regelmäßig ist auch die „Society of Botanical Artists" aus London zu Gast. Die Frankfurter Metall-Künstlerin E. R. Nele gestaltete einen „Spenden-Baum" für die „Stiftung Palmengarten und Botanischer Garten" (s. S. 137).

Eine „Tänzerin" aus der Frühzeit des Gartens

Literatur und Lesungen

Für eine enge Verbindung von Pflanzen und Literatur sorgten schon manche Schriftsteller, die gerne den Palmengarten durchstreiften. Marie Luise Kaschnitz etwa notierte nicht nur schwärmerische Beobachtungen oder einen Spaziergang mit Ingeborg Bachmann. Verewigt in ihrem Tagebuch ist auch ein nie abgesandter wütender Brief an den Gartendirektor Anfang der sechziger Jahre. Anlass waren Veränderungen im Palmenhaus, die der damals im Westend wohnenden Dichterin partout nicht gefallen wollten.

„Herbarium Amoris": Pflanzen-Fotografien von Edvard Koinberg

Jüngeren Datums ist Martin Mosebachs Faible für den Garten der Gärten, der dem Frankfurter Autor in mindestens einem seiner Bücher eine Hommage wert ist.

Zum 250. Geburtstag von Frankfurts unbestrittenem Dichterfürsten wurde 1999 der „Goethe-Garten" (s. S. 102) eröffnet, der seither im Sommer wie Haus Rosenbrunn für Lesungen klassischer Literatur in Zusammenarbeit mit dem Hessischen Rundfunk genutzt wird. Die Palmenhaus-Terrasse und der neue Palmensaal im Gesellschaftshaus eignen sich gleichfalls hervorragend für Dichtkunst oder die Reihe „Hörspiel unterm Blätterdach". Frankfurter Schriftsteller mit einem Faible für Gärten wie Eva Demski oder Elsemarie Maletzke stellen hier mitunter ihre neuen Bücher vor. Sei's für Goethe, Dante oder aktuelle Natur-Poesie: „Traumhaft schön" nannte schon vor über 100 Jahren Rosa Luxemburg die Parkkulisse im Westend. Die engagierte Sozialdemokratin flanierte liebend gern durch Deutschlands Gärten – realiter, so sie die Zeit fand, oder in wehmütiger Erinnerung wie in Briefen aus der Berliner Haft.

Kinder im Garten –
ein Garten für Kinder

Väter und Mütter mit Babys im Kinderwagen nutzen den Palmengarten gerne als Frischluftoase inmitten der Großstadt. Ein Rundgang unter flirrendem Laub oder kahlem Astgeflecht wird schnell zum Schlafmittel auch für den stimmfreudigsten Nachwuchs. Ist der schon stramm auf den Beinen, kommen Eltern genauso gern in den Park. Für jedes Alter und bei jedem Wetter wird etwas geboten.

„Grüner Kindergarten" – von der Unesco gekürt

Bambus essen? Erleben, wie Samen keimen? Erfahren, was Lotus ist? 2009 hat der Palmengarten wieder ein Zeichen in der Pädagogik gesetzt: das Projekt „Kinder im Garten" in Kooperation mit den städtischen Kindertagesstätten. Dabei entdecken Drei- bis Sechsjährige den Pflanzenreichtum der Erde: spielend, malend, kochend, fotografierend, pflanzend – an einem alle Sinne anregenden Lernort mitten im Grünen. Ihre „Forscherstation" hat die von der Unesco ausgezeichnete Modellbildungsstätte in Haus Leonhardsbrunn (s. S. 104 u. 146).

Staunen über den
Riesenbambus

Ferien in der Grünen Schule

Ob unterm Jahr mit der Hortgruppe oder Schulklasse oder aber mit Freunden in den Ferien: Die Grüne Schule des Palmengartens, die bei ihrer Gründung 1980 zum Vorbild vieler ähnlicher Einrichtungen in Deutschland wurde, veranstaltet das ganze Jahr über botanischen Unterricht und freie Workshops für Kin-

der und Jugendliche. Besonders beliebt sind die Ferienprogramme. Auch zu Sonderausstellungen bieten die Pädagogen
spezielle Führungen und Werkstätten für alle Altersklassen
an. Fazit: Im Frankfurter Palmengarten kann Lernen mächtig
Spaß machen (s.S. 147).

Spritzige Wasserspiele zum Abkühlen

Wasser tut nicht nur Pflanzen gut. Für Kinder ist es das belieb-
teste Element – zum Spritzen, Plantschen und Abkühlen an
heißen Tagen. Unter der Aufsicht von TÜV und Gesundheits-
amt konzipiert, ist der 2011 neu er-
öffnete Wasserspielplatz nahe Haus
Leonhardsbrunn ein weiteres Plus
unter den Attraktionen für die jüngsten Besucher.

Die Anlage wird mit Trinkwasser
gespeist. Düsen und Spritzen sind so
konstruiert, dass sie nur bei Druck
auf einen Mechanismus Wasser ab-
geben. In einem Bachlauf lassen sich
Staudämme bauen. Das in einer Zis-
terne gesammelte Wasser dient anschließend zur Bewässerung des
Gartens. Entworfen wurde die Anlage von der Götte Landschaftsar-
chitekten GmbH, gesponsert haben
sie die Stadt Eschborn und die Orga-
nisation „Ein Herz für Kinder".

Wenige Schritte weiter liegen ein
Minigolf-Platz und der große Spiel-
platz, der zum Klettern, Rutschen,
Buddeln im Sand oder Tischtennis-

*Erfrischung gibt
es auf Knopfdruck*

Match alles bietet, was zappelige Zwerge und bewegungs-
hungrige Kids eben so brauchen. Die Erwachsenen, die
ringsum auf Baumstämmen oder Bänken sitzend ihre Kleinen
gut im Blick haben, gönnen einen solchen vielleicht auch mal
den schattenspendenden Gehölzen, die das Geviert statt eines
Zauns eingrenzen.

Kornelkirschen und Maulbeerbäume

Neben einer hohen Blauzeder (*Cedrus atlantica* 'Glauca') wachsen im Rund gepflanzte Platanen (*Platanus* x *hispanica*), eine prächtige Esskastanie (*Castanea sativa*), Kornelkirschen (*Cornus mas*), ein faszinierender Katsurabaum (*Cercidiphyllum japonicum*) und vier selten kultivierte Papiermaulbeerbäume (*Broussonetia papyrifera*) aus Ostasien. Die vermeintliche Hainbuchenhecke indes erweist sich als eine hainbuchenblättrige Mauer aus japanischem Ahorn (*Acer carpinifolium*).

In der Nähe des Kinderkiosks befindet sich eine Minigolf-Anlage. Keineswegs historisch, erinnert sie allein an all jene sportlichen Aktivitäten, denen sich bis weit ins 20. Jahrhundert eine zumeist noble Gesellschaft hingab. So gab es eine Radrennbahn, eine Schießanlage und ein von Linden gesäumtes Hippodrom. Auch Kricket und Tennis wurden gespielt, ein Irrgarten gehörte dazu, und winters war Eislaufen auf dem Weiher noch erlaubt. Uniformierte Wärter freilich, die damals böse Buben an den Ohren zogen, muss heute kein Kind mehr fürchten.

Musiktheater auf der
Papageno-Bühne

Palmen-Express und Theater
Vor Haus Leonhardsbrunn darf die riesige freie Fläche ausdrücklich als Spiel- und Liegewiese genutzt werden. Hier tummeln sich Jugendliche ebenso wie ältere Semester. Ohne jeden Generationskonflikt wird auch der „Palmen-Express" benutzt, der am Rand seine Haltestelle hat. Seit 1972 rattert das bunte Bähnchen sommers durch den Garten. Die Fahrt im Nachbau der ersten Frankfurter Stra-

ßenbahn, genießen außer Kindern auch ermattete Eltern und Senioren. Von hier fährt die Bahn quer durch den Garten zum Lokschuppen am Papageno-Theater (s. S. 51). In dem Zeltbau werden regelmäßig Opern für Kinder aufgeführt.

Ruderboote und Tiere

Im südlichen Teil des Gartens findet sich ein weiterer Spielplatz. Unter dem im Sommer dichtgrünen Laubdach der Bäume gibt es einen bunten Drachen und ein Holzflugzeug zum Klettern, eine Märchenwand und natürlich jede Menge Sand.

Ein Drache, auf dem man klettern kann

Von hier aus ist es nicht mehr weit zum Bootsverleih. Der Weg führt entlang der Gartengrenze gen Norden. Am Ufer des Weihers genauso wie bei einer muskelzehrenden Tour übers Wasser gilt: Das Füttern der Wasservögel ist verboten. Tierische Erlebnisse sind sonst überall im Palmengarten möglich – und gratis obendrein.

Der Palmen-Express verkehrt bei schönem Wetter von April bis September (10 bis 18 Uhr): www.palmen-express.de

Der Bootsverleih ist im Sommerhalbjahr geöffnet und ebenfalls abhängig vom Wetter: www.palmen-boote.de

Für Palmen-Express und Minigolf-Anlage sowie bei der Ausleihe von Ruderbooten u. a. wird eine Gebühr erhoben.

Der Kinderkiosk öffnet im Sommer von 10 bis 18 Uhr, im März/April und im Oktober nur an den Wochenenden (im Winter geschlossen).

Das Papageno-Theater legt sein Programm an der Kasse Siesmayerstraße aus: www.papageno-theater.de
(Alle Angaben ohne Gewähr)

Der Garten im Jahresverlauf

Frühlingserwachen

Der Palmengarten bietet seinen Besuchern nicht nur alle Tage geöffnete Schauhäuser und wechselnde Ausstellungen. Auch das Freiland ist zu jeder Jahreszeit interessant, zumal zur Blüte im Frühling oder im Herbst, wenn sich das Laub der Gehölze verfärbt.

In der nebenstehenden Tabelle sind alle wiederkehrenden Veranstaltungen sowie eine Auswahl der Blütentermine in den Themengärten verzeichnet. Hinzu kommen jährliche Sonderausstellungen zu wechselnden botanischen Themen. Die entsprechenden Ankündigungen hierzu sind der Tagespresse und dem Jahresprogramm des Gartens zu entnehmen. Im Internet findet man alle aktuellen Veranstaltungen unter www.palmengarten.de aufgeführt. (Die Angabe „Galerie" in der Termin-Übersicht verweist immer auf die Ausstellungsgalerie am Palmenhaus.)

Auf den folgenden Seiten gibt es eine weitere Tabelle: Hier werden – ohne Anspruch auf Vollständigkeit – Gehölze im Freiland vorgestellt, die zu bestimmten Jahreszeiten besonders reizvoll blühen. Die Angabe der Blüten-Farben und des jeweiligen Standorts mag dem Besucher das Auffinden der Bäume und Sträucher erleichtern. Die dort erwähnten Oktogone sind fünf offene Pflanzhäuser an der Gartengrenze nahe Haus Leonhardsbrunn.

Herbstzauber

Ausstellung/Blüte	Monate I – XII
Kamelien-Ausstellung (Galerie)	I/II
Kamelien im Blütenhaus	III, X–XII
Kamelienblüte (vor Blütenhaus)	II–IV, X–XII
Azaleen-Ausstellung (Galerie/Blütenhaus)	III/IV
Frühlingsblumen-Ausstellung (Galerie)	II/III
Frühlingsflor im Freiland	II–IV
Fachmesse „Garten"	III
Blüte im Steingarten	II–VIII
Blüte im Heidegarten	II–IX
Blüte im Staudengarten	II–X
Orchideen-Ausstellung (Galerie)	III–V
Magnolienblüte (Villa Leon./Staudengarten)	III–V
Magnolienblüte (Musikpavillon/Senkgarten)	VI–VIII
Blüte in der Steppenpflanzung	III–IX
Blüte im Rhododendrongarten	IV–VI
Sommer-Sukkulentengarten	V–IX
Fuchsienblüte (am Tropicarium)	V–IX
Rosen-Ausstellung (Galerie)	VI
Rosen- und Lichterfest	VI
Blüte im Rosengarten	V–XI
Open-Air-Saison Musik-Pavillon	V–IX
Spezialitätenbörse (nicht jedes Jahr)	VI
Sommerflor (Schmuckbeete, Steppenwiese)	VI–IX
Dahlienblüte (Hs. Leonhardsbrunn, vor Tropicarium)	VII–X
Erntedank-Ausstellung (Galerie)	IX
Orchideenbörse (Galerie)	X
Chrysanthemen-Ausstellung (Galerie)	X/XI

Vorfrühlings- und Frühlingsblüher (Monate III bis VI)

Schneeforsythie *Abeliophyllum distichum*	III–IV weiß	Blütenhaus, Gesellschaftshaus Ost
Kamelie *Camellia japonica*	III–IV weiß, rosa, rot	Blütenhaus, Verwaltungsgebäude
Trompetenbaum *Catalpa speciosa*	VI weiß	Staudengarten, Nähe Blütenhaus
Judasbaum *Cercis siliquastrum*	IV–V hellrosa	Eingangsschauhaus
Schneeflockenstrauch *Chionanthus virginicus*	V–VI weiß	Bachlauf
Blumenhartriegel *Cornus florida, C. cousa*	V–VI weiß, rosa	Bachlauf, Blütenhaus
Taubenbaum *Davidia involucrata*	V–VI weiß	Kleiner Weiher
Tulpenbaum *Liriodendron tulipifera*	V–VI grünlichweiß	Senkgarten
Loebners Magnolie *Magnolia x loebneri*	IV–V weiß-schwachrosa	Quellbecken
Halls Apfel *Malus halliana*	IV–V tiefrot, später rosa	Galerie West
Wildzierapfel *Malus sargentii 'Tina'*	IV–V weiß-silbrig	Steingarten
Strauchpfingstrose *Paeonia-suffruticosa-Hybriden*	V–VI je nach Sorte	Staudengarten, Senkgarten
Persischer Eisenholzbaum *Parrotia persica*	III rot	Verwaltungsgebäude Quellbecken
Scheinparrotie *Parrotiopsis jaquemontiana*	V weißlich gelb	Tropicarium Nord
Blauglockenbaum *Paulownia fortunei*	V hellviolett	Bachlauf
Bitterorange *Poncirus trifoliata*	IV–V weiß	Mittelmeerhang
Higan-Kirsche *Prunus subhirtella 'Pendula'*	IV rosa	Kleiner Weiher

Sommer- und Herbstblüher (Monate VII bis XI)

Losbau *Clerodendron trichotomum var. fargesii*	VIII–IX weiß, rot	Bachlauf
Roseneibisch *Hibiscus syriacus*	VIII blau	Tropicarium Nord

Sommer- und Herbstblüher (Monate VII bis XI)

Waldschaumspiere *Holodiscus discolor*	VII–VIII gelblich weiß	Spielplatz Nord
Samthortensie *Hydrangea aspera*	VII–VIII hellviolett	Blütenhaus, Verwaltungsgebäude
Eichenblättrige Hortensie *Hydrangea quercifolia*	VI–VII weiß	Gesellschaftshaus, Verwaltungsgebäude
Blasenbaum *Koelreuteria paniculata*	VII–IX gelb	Staudengarten, Spielplatz Nord
Lagerströmie *Lagerstroemia indica*	VII–IX rosa	Tropicarium Süd
Sparriger Liguster *Ligustrum quihoui*	VIII–IX weiß	Galerie
Asiatisches Gelbholz *Maackia amurensis*	VII–VIII gelblich weiß	Heidegarten, Musikpavillon
Großblütige Magnolie *Magnolia grandiflora*	V–VIII rahmweiß	Senkgarten, nahe Musikpavillon
Duftblüte *Osmanthus heterophyllus*	IX–X weiß	Oktogonen, Tropicarium Nord
Japan. Schnurbaum *Sophora japonica*	VIII gelblich weiß	Quellbecken, Spielplatz am Papageno-Theater

Winterblüher (Monate XII bis II)

Winterblüte *Chimonanthus praecox*	XII–III gelb	Musikpavillon, Bootsweiher
Japan. Zaubernuss *Hamamelis japonica*	I–III goldgelb	Verwaltungsgebäude
Hybrid-Zaubernuss *Hamamelis-x-intermedia-Sorten*	I–III schwefelgelb	Bachlauf, Verwaltungsgebäude
Winterjasmin *Jasminum nudiflorum*	XII–III gelb	Mauer Cafe Siesmayer, Staudengarten
Winterblüh. Heckenkirsche *Lonicera x purpursii*	XII–IV rahmweiß	Staudengarten, Senkgarten
Herbstblüh. Kamelie *Camellia sasanqua*	X–XII je nach Sorte	Blütenhaus
Higan-Kirsche *Prunus subhirtella 'Autumnale'*	IV rosa	Bachlauf, Kleiner Weiher
Fleischbeere *Sarcococca-Arten*	XII–III weiß	Bachlauf, Verwaltungsgebäude, Oktogonen
Winter-Schneeball *Viburnum x bodnantense*	XII–III weiß-rosa	Bachlauf, Senkgarten

Hinter den Kulissen

Kleine Geschichte
des Palmengartens

Ohne die Preußen wäre Frankfurt vielleicht nie zu seinem Palmengarten gekommen. Denn der schönste Park der Stadt wurde nicht von einem Fürsten geschaffen, auch nicht von einer Universität wie die meisten botanischen Gärten. Seine Gründung 1868 verdankt sich einer Notlage – und einer „Bürgerinitiative". In Not geriet damals Herzog Adolph von Nassau, der in seinem von Friedrich Ludwig von Sckell gestalteten Park in Wiesbaden-Biebrich exotische Pflanzen sammelte. Als das Herzogtum 1866 – wie Frankfurt – von den Preußen annektiert wurde, sah sich der adlige Botanicus gezwungen, seine berühmten „Biebricher Wintergärten" zu veräußern. Da trat Heinrich Siesmayer (1817–1900) auf den Plan.

Der Kunst- und Handelsgärtner, der sich mit der Gestaltung von Grünanlagen einen Namen gemacht hatte, nahm sich des Verkaufs an. Nicht ohne Grund: Siesmayer hatte schon seit langem die Idee eines „Südpalasts" für Frankfurt gehegt, der wie in Brüssel, London oder Berlin mit einem Glashaus für tropische Pflanzen zugleich Treffpunkt der Gesellschaft sein sollte. Mit einigen Honoratioren der Stadt gründete der zielstrebige Gartenbaumeister am 6. Mai 1868 ein Komitee zur Erwerbung der Biebricher Wintergärten. Die „Actien" der am 6. August ins Leben gerufenen Aktiengesellschaft fanden bei den Bürgern so reißenden Absatz, dass man schon wenig später Herzog Adolphs grüne Besitztümer für 60.000 rheinische Gulden kaufen konnte.

Eine Aktie der Palmengarten-Gesellschaft von 1869

Gesellschaftshaus und Blumenparterre in einer Darstellung aus der Entstehungszeit des Gartens

Von den Plänen für eine neue Attraktion angetan, überließ die Stadt der Gesellschaft sieben Hektar Land an der noch ländlich geprägten Bockenheimer Straße, in Erbpacht mit Vertrag vom 10. August 1868. Alsbald wurde mit dem Bau des Palmenhauses begonnen. Ende 1869 erfolgte der Umzug der Biebricher Pflanzen. Nachdem der Deutsch-Französische Krieg 1870/71 die Bauarbeiten am prunkvollen Gesellschaftshaus verzögert hatte, wurde der Palmengarten am 16. März 1871 offiziell und in Anwesenheit des Kronprinzen Friedrich von Preußen eröffnet. Sogar Kaiser Wilhelm I. ließ es sich nicht nehmen, das von Bürgern geschaffene Gartenreich im Oktober 1874 zu inspizieren.

Übernahme durch die Stadt
Die Ära der Gründerjahre endete 1886 mit dem Abschied Heinrich Siesmayers als ehrenamtlicher Direktor. Der Auf- und Ausbau des heute rund 22 ha großen Geländes ging unter

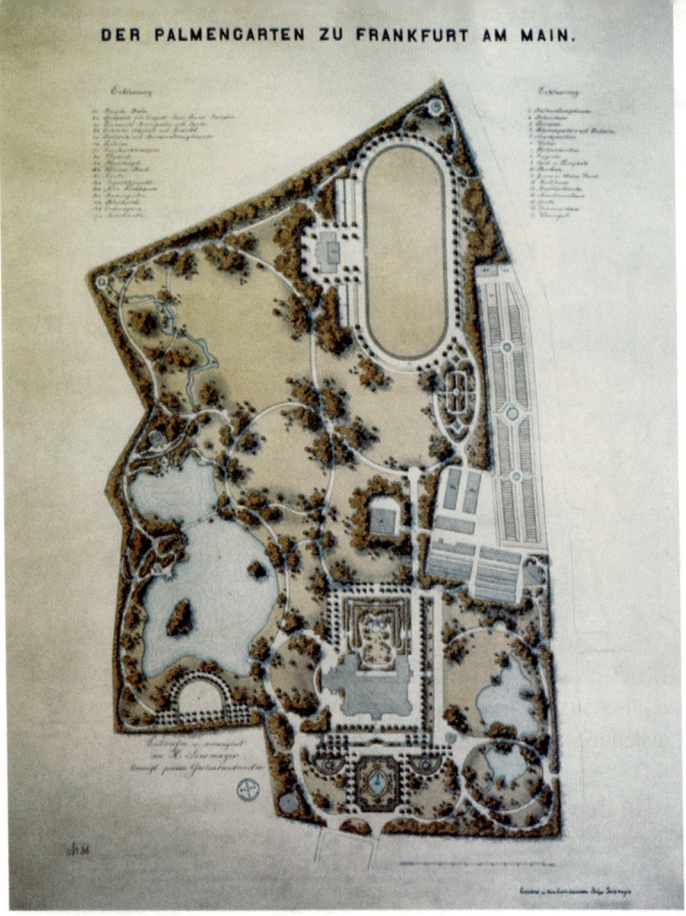

Historischer Plan aus dem 19. Jahrhundert

seinem Nachfolger August Siebert zügig weiter. Den Ersten Weltkrieg überstand die Grünoase inmitten des nun schon feinen Villenviertels Westend halbwegs schadlos, nicht aber die folgende Wirtschaftskrise. 1931 übernahm die Stadt Frankfurt den Palmengarten.

Schon zuvor hatte man das Gesellschaftshaus umgestaltet. Weitere Umbau-Ideen scheiterten am Geld, ebenso Pläne, den Garten samt Grüneburgpark in ein „Reichsarboretum" zu integrieren, ganz im Stil der schon nationalsozialistisch geprägten Stimmung im Land. Am Ende des Zweiten Weltkriegs, als das alte Frankfurt unter Bomben in Schutt und Asche fiel, brannten 1944 der Musikpavillon sowie der Westflügel des Gesellschaftshauses nieder, alle Glasdächer gingen zu Bruch. Die Behebung der schlimmsten Schäden erfolgte freilich schneller, als es in der Nachkriegszeit für eine Vergnügungsstätte zu erwarten war. Die Amerikaner beschlagnahmten den Garten als „Recreation Center" für ihre Soldaten und sorgten nicht ohne Eigennutz auch für das Wohl der Pflanzenschätze. Den Frankfurter Bürgern öffnete sich der Park erst wieder 1948; die Rückgabe an die Stadt erfolgte 1953.

Neubau-Ära nach dem Jubiläum

1968 feierte der Palmengarten sein 100-jähriges Bestehen, bald darauf begann die größte Umbauphase seiner Geschichte. Die Leitung des Pflanzenhorts, die seit Kriegsende bei Fritz Encke gelegen hatte, übernahm damals der Botaniker Gustav Schoser. Er nutzte die wohlhabenden Zeiten zur „inneren Erweiterung des Palmengartens", die auch den lang ersehnten Auszug des Tennisclubs umfasste.

Während der achtziger Jahre entstanden das Tropicarium, das Eingangsschauhaus Siesmayerstraße, das Subantarktishaus, ein neuer Musikpavillon und anderes mehr. Auch Themengärten wurden erneuert oder – wie die Steppenpflanzung – eigens geschaffen. Hinter den Kulissen erfolgte ebenfalls eine Modernisierung mit neuem Betriebsgebäude, großräumiger Anzuchtsgärtnerei, Überwinterungshäusern und zukunftsweisenden technischen Anlagen.

In jüngster Zeit macht der Palmengarten trotz Sparzwang in allen öffentlichen Einrichtungen weiter von sich reden. Rechtzeitig zur Jahrtausendwende wurde das denkmalgeschützte, doch vom Rost bedrohte Palmenhaus dank einer Aufsehen erregenden Spendenaktion aufs feinste restauriert.

Die 2009 begonnene Sanierung des Gesellschaftshauses war mit allen nötigen Veränderungen im historischen Park ein Kraftakt sondergleichen. Seit der Wiedereröffnung Ende 2012 erstrahlt die von Martin Elsässer Ende der 1920er Jahre umgestaltete Fassade des stattlichen Gebäudes wieder in der geometrisch-klaren Bauhaus-Architektur. Der Festsaal erhielt seine prächtige Innenausstattung zurück. Das gesamte Haus

Kraftakt: Eine Karyatide aus dem Festsaal

wurde mit modernster Technik ausgestattet, um für Empfänge, Feiern, Kongresse und Veranstaltungen aller Art genutzt zu werden. Zu diesem Zweck wurde auch der Eingang Süd ein Stück nach Westen verlegt. Die zahlreichen weiteren Umbauten und Neuerungen in jüngster Zeit sind in den einzelnen Kapiteln des Abschnitts „Der Garten und seine Schauhäuser" dargestellt.

Ziel und Zweck jeder Veränderung im über 140 Jahre alten Park ist es, seiner traditionellen Funktion als Schau-, Lehr- und Bürgergarten unter dem modernen Motto „Pflanzen, Leben, Kultur" gerecht zu werden. In Zeiten knapper öffentlicher Mittel braucht auch der Palmengarten mehr denn je Freunde und Förderer, Sponsoren und Netzwerke, um alte Strukturen zu erhalten und neue Projekte zu realisieren.

Als wissenschaftlich geleitete Einrichtung ist der „Hortus Palmarum" seit langem schon Mitglied im Verband der Botanischen Gärten Deutschlands, ebenso in dem globalen Zusammenschluss „Botanic Gardens Conservation International" (BGCI) und vielen internationalen Pflanzen-Gesellschaften.

2012 übernahm die Stadt Frankfurt den benachbarten Botanischen Garten der Universität und gliederte ihn dem Palmengarten an. Beide Anlagen zusammen verfügen nun bundesweit über die mit Abstand größte kommunale Sammlung heimischer und exotischer Pflanzen.

Netzwerke und Stiftung

Auf regionaler Ebene engagiert sich der Garten im Netzwerk „BioFrankfurt" mit rund 20 weiteren Institutionen aus Forschung, Bildung und Naturschutz für den Erhalt der Biodiversität. Eine Partnerschaft mit dem Senckenberg-Museum und dem Zoologischen Garten bündelt die Bemühungen dieser drei Traditionseinrichtungen um den Schutz der biologischen Vielfalt.

Neben der Pflege seines wertvollen Pflanzenbestands betreibt der Siesmayersche Garten Erhaltungskulturen für bedrohte Arten und einen internationalen Samentausch. Die Gründung der „Stiftung Palmengarten und Botanischer Garten" schließlich dient der Sicherung und Weiterentwicklung der zwei alteingesessenen Anlagen im 21. Jahrhundert.

Hinter der superben Fensterfront beginnt der Palmenhaus-Dschungel

Die Stiftung Palmengarten und Botanischer Garten

„Eins und doppelt" – die letzte Zeile aus Goethes berühmtem Ginkgo-Gedicht mag hier als knappes Motto für die Zukunft der benachbarten Gärten dienen: Mit dem Übergang des Botanischen Gartens in städtischen Besitz zum 1. Januar 2012 wurde der bisherige wissenschaftliche Lehrgarten der Johann Wolfgang Goethe-Universität dem Palmengarten angegliedert.

Die Stadt Frankfurt festigt damit ihren Ruf, die größte kommunale Sammlung lebender Pflanzen in Deutschland präsentieren zu können. Mit den Universitätsgärten in Berlin und München gehört die Frankfurter Sammlung weltweit zu den zehn artenreichsten überhaupt. Der Palmengarten und der Botanische Garten mit rund 28 Hektar Fläche sollen auch künftig ihre je eigene Struktur behalten, da sie sich für Wissenschaft und Besucher aufs beste ergänzen.

Teich und Kalkhang im Botanischen Garten

Wie der Palmengarten im Tropicarium tropische Vegetationszonen der Erde vorstellt, zeigt der Botanische Garten Vegetationstypen der gemäßigten Zonen. So finden sich dort Landschaftstypen wie Sandsteppe, verschiedene Waldformationen, Zwergstrauchheide und ein Alpinum. Zudem gibt es geographische Reviere zur Flora Nordamerikas, Makaronesiens, Ostasiens, des Mittelmeergebiets und des Kaukasus. Neben Sammlungen von Ruderalpflanzen und Neophyten fasziniert der Senckenbergische Arzneipflanzengarten.

Stiftung sichert Erhalt beider Gärten

Noch bevor die Stadt den Botanischen Garten aus Landesbesitz übernahm, gab es bereits eine Initiative, die den langfristigen Erhalt des Lehrgartens zum Ziel hatte. Im September 2010 konnte die „Stiftung Palmengarten und Botanischer Garten" gegründet werden.

Den Grundstock des Stiftungsvermögens bildete der Nachlass von Eleonore Beiser. Die gebürtige Leipzigerin, die zehn Jahre lang in Bad Vilbel gelebt hatte, vermachte dem Palmengarten 200.000 Euro. Die Hälfte der Summe floss in die Stiftung, die andere diente zum Schallschutz für das Projekt „Kinder im Garten" gegen die verkehrsreiche Miquelallee.

Das Kuratorium der Stiftung und die Freundeskreise beider Gärten hoffen nun, dass sich viele Menschen von der Gartenliebe der 82-jährigen Dame anstecken lassen – und schon zu Lebzeiten das Stiftungskapital aufstocken, das allein den beiden Institutionen zugute kommen wird.

Zwei Projekte sind schon ins Auge gefasst: die dringend nötige Sanierung der Gewässer im Botanischen Garten und eine Förderung des geplanten Blüten- und Schmetterlingshauses im Palmengarten. Für dieses Vorhaben liegen die Pläne bereits vor. Seinen Standort könnte es im bisherigen Blütenhaus im Staudengarten haben (s. S. 108).

Blick ins Alpinum des Botanischen Gartens

Vom Eschenheimer Turm ins Westend

Frankfurt und seine frühen Wohltäter: Nicht nur das Städel-Museum oder das Clementine-Kinderspital verdankt die Stadt der Großzügigkeit von Stiftern. 1868 wurde der Palmengarten von Bürgern für Bürger gegründet. Bereits 100 Jahre zuvor hatte Johann Christian Senckenberg einen Medizinal- und Heilpflanzengarten geschaffen.

Mit der Stiftung, in die der wohlhabende Arzt 1763 sein Vermögen eingebracht hatte, wurden später auch die Senckenbergische Naturforschende Gesellschaft und das Senckenberg-Museum gegründet. Zunächst am Eschenheimer Turm, wurde der Arznei-Garten 1907 auf ein Gelände im Westend verlegt, das später dem Palmengarten überlassen wurde.

Im Anschluss an die Eröffnung der Universität 1914 ging der Garten in deren Besitz über. 1936 erfolgte der Umzug auf das heutige Areal. Die Universität, die auf ihrem neuen Campus am Riedberg den vierten Wissenschaftsgarten errichtet, wird auch weiterhin die Pflanzenschätze beidseits der Siesmayerstraße für Lehre und Forschung nutzen.

Stiftung Palmengarten und Botanischer Garten
Siesmayerstraße 61
60323 Frankfurt am Main
Tel.: 069 / 212-39500
www. palmengarten.de
Bankverbindung:
Hauck und Aufhäuser, BLZ 502 209 00, Konto 18 333 18

STIFTUNG PALMENGARTEN
UND BOTANISCHER GARTEN

Botanik im Palmengarten

Der Palmengarten ist eine wissenschaftlich geführte Einrichtung. Das heißt, dass promovierte Biologen die Verantwortung für den Schau-, Lehr- und Erholungspark haben. Er ist daher Mitglied sowohl im nationalen als auch im internationalen Verband Botanischer Gärten. Das von den Gärtnern gehegte Pflanzeninventar des Palmengartens wird also stets wissenschaftlich betreut. Dies umfasst die Beschreibung, Benennung und taxonomische Zuordnung der Gewächse sowie deren beständige Dokumentation, auch mittels Herbarbelegen von zur Blüte gelangenden neuen Pflanzen. Selbst für die Forschung im Computer-Zeitalter sind solche schon in der Frühzeit der Pflanzenkunde bewährten Dokumente von Wert: Studenten und Doktoranden benutzen das umfangreiche Herbarium neben all den im Palmengarten zur Verfügung stehenden lebenden Pflanzen für vergleichende Studien.

Exotische Winzlinge in der Flasche: Blick ins Orchideenlabor

Botanik für alle

Mehr als in Universitätsgärten sind die Botaniker im Palmengarten auf die populärwissenschaftliche Vermittlung ihrer Kenntnisse eingeschworen. So wendet man sich mit Hunderten von Führungen und Vorträgen pro Jahr und mit immer neuen Ausstellungen zu botanisch-kulturgeschichtlichen Themen an ein breites Publikum. „Botanik für alle" lautet seit Jahrzehnten das Motto, gelegentlich auch „ein Tor zur Welt der Pflanzen". Die Grüne Schule Palmengarten wendet sich dabei gezielt an Schüler und Studenten.

Publikationen sind eine weitere Möglichkeit zur Wissensvermittlung. Seit 1931 erscheint die Zeitschrift „Der Palmengarten". Sie war seinerzeit aus den mit Pflanzen-Informationen

Herbarbeleg einer Orchidee (*Bulbophyllum*)

gespickten Konzertprogrammen hervorgegangen. Das Heft erscheint zweimal im Jahr und bietet zusammen mit den reich bebilderten Katalogen zu den Sonderausstellungen eine fundierte Wissensquelle. Eine Liste aller erhältlichen Veröffentlichungen des Palmengartens findet sich auf dessen Internet-Seite unter www.palmengarten.de sowie am Ende des Buches (s. S. 158).

Abertausende Pflanzen

Mit aller Vorsicht geschätzt, kultiviert der Frankfurter Palmengarten ca. 13.000 verschiedene Arten und Sorten, von den oft unzähligen Exemplaren derselben gar nicht zu reden. Mit einem schnellen Blick in die Datenbank ist es freilich nicht getan. Dort haben sich allein seit Einführung der elektronischen Erfassung pflanzlicher Zöglinge schon weit über 20.000 Einträge angesammelt. Dank der Zusammenarbeit mit Gärten in aller Welt (s. u.) erhalten die Botaniker immer wieder neue Samen seltener oder neu entdeckter Pflanzen. Züchter sorgen gleichfalls für Nachschub an Jungpflanzen besonderer Sorten oder Hybriden. Umgekehrt gibt man eigene Schätze auch weiter: Schon nach dem Zweiten Weltkrieg half Frankfurts Palmenhort vielen zerstörten Botanischen Gärten beim Wiederaufbau von deren Sammlungen.

Nachwuchs gesichert: Notokakteen in Kultur

Erhaltungskulturen

Eine *Notocactus*-Schutzsammlung und die erfolgreiche Vermehrung der seltenen *Welwitschia mirabilis* (s. S. 70) im Palmengarten sind Beispiele für den Erhalt vom Aussterben bedrohter Wildpflanzen. Aktuelle Berichte zur Wissenschaft, auch zu Notokakteen, Welwitschien und anderen Sammlungen finden sich in den Palmengarten-Heften und auf der Homepage des Gartens.

Weltweiter Samentausch und Orchideenlabor

Die wissenschaftliche Abteilung gibt alljährlich einen „Index seminum" heraus. Diese Liste ist Basis eines regen internationalen Samentauschs, bei dem der Palmengarten mit 700 Gärten in 98 Ländern in Kontakt steht. Rund 2.000 Samenpäckchen werden jedes Jahr von Frankfurt aus verschickt. Gefragt sind vor allem Samen von Palmen, Insekten fangenden und anderen Pflanzen, auf die sich der Garten spezialisiert hat.

Der Samen bei Bromelien ist freilich so kurzlebig, dass man meist schon vorgezogene Jungpflanzen tauscht. Bei Orchideen wird die Vermehrung besonders kompliziert. Deshalb wurde ein Orchideenlabor eingerichtet. Dort bringt man die Samen der begehrten Blütenwunder mit einer Spezialsubstanz, Nährstoffen – und dem reichen Erfahrungsschatz der Palmengärtner – zum Keimen: in aberdutzenden von sterilen, geheimnisvoll beleuchteten Flaschen, wie in einer modernen Alchemistenküche.

Gärtner(n) im Palmengarten

Einen Park mit so vielen Themengärten, mit Schauhäusern voller Gewächse aus derart verschiedenen Klimazonen stets in Form zu halten – das benötigt ein ausgeklügeltes Miteinander von Fachleuten aller Art. Während man Gärtner oft bei der Arbeit mit Spaten oder Schere antrifft, kommt der Besucher kaum in Kontakt mit den Handwerkern und Technikern des Palmengartens. Sie kümmern sich um die Überwachung und Instandhaltung der komplizierten Anlagen zur Klimatisierung, Wasseraufbereitung und Bewässerung sowie zur Belüftung oder Schattierung lichtempfindlicher Pflanzen in den Schau- und anderen Gewächshäusern. Seine Werkstätten hat das technische Personal im Betriebsgebäude an der Miquelallee. Davor erstreckt sich die Besuchern nicht zugängliche Gärtnerei mit 5.000 m² unter Glas und fast dreimal so viel Fläche unter freiem Himmel, darunter 1.000 m² Kulturkästen, die wahlweise mit Glas abgedeckt werden, sowie Freilandbeete und Zwischenlager für Kübelpflanzen.

Betreten verboten: Blick in die Gärtnerei

Die Gärtner bilden die größte Gruppe der Belegschaft im Palmengarten. Sie stehen tagtäglich in engstem Kontakt mit allen Pflanzen. Das erfordert ein hohes Maß an Kenntnissen und Erfahrung mit heimischen Zierpflanzen, tropischen Gewächsen und Spezialkulturen. So überrascht es nicht, dass die „Palmengärtner" seit jeher einen besonderen Ruf haben und die Ausbildungsplätze begehrt sind. Aus seinem Know-how macht das Team mit den „grünen Daumen" kein Geheimnis: Bei Führungen vermitteln die Gärtner ihr Wissen, ebenso bei der Pflanzenberatung (s. Kasten). Auf Tagungen und Ausstellungen tauschen sie mit Kollegen ihre Erfahrungen aus – und erhalten vielerorts Preise für ihre Musterpflanzungen.

Schutz vor zuviel Sonnenhitze

Drei Sparten

Die mehr als fünf Dutzend Gärtner sind in drei Gruppen unterteilt, die für die Bereiche Schauhäuser, Freiland und Gärtnerei zuständig sind. Für alle Anlagen gibt es jeweils Reviergärtner. Nicht nur Beete sind regelmäßig neu zu bepflanzen, sondern auch Wiesen, Sträucher und Bäume zu pflegen. Obwohl jede Abteilung ihr spezifisches Arbeitsgebiet hat, ist engste Kooperation gefordert. So muss z. B. die Gärtnerei termingerecht alle Pflanzen zu Blüte und Blattfülle bringen, die je nach Saison ausgepflanzt oder in der Galerie am Palmenhaus gezeigt werden. Die Freilandgärtner gestalten die Blumenschauen und Sonderausstellungen in Absprache mit Botanikern oder auswärtigen Veranstaltern aus den hauseigenen Sortimenten.

Zierpflanzen-Sammlungen werden ebenfalls in der Gärtnerei an der Miquelallee kultiviert. Im Kalthaus und in einem temperierten Bereich sind es z. B. Kamelien und Azaleen, Pelargonien, Fuchsien, Hortensien oder Chrysanthemen. In den Warmhaus-Abteilungen hegt man Farne, Begonien, Bromelien, auch Wolfsmilchgewächse wie *Croton* und *Acalypha*, die als Bei- oder Unterpflanzungen dienen, um mit Blüten und Blättern stets kunstvolle Kompositionen zu schaffen.

In einem Anzuchtshaus werden Samen zum Keimen und grüne Winzlinge zum Bewurzeln gebracht. Nicht zu vergessen das aufwändige Vortreiben von Blumenzwiebeln für den Frühlingsflor, das schon im Herbst beginnt. Auch eine Kollektion von Orchideen hat ihr Domizil in der Gärtnerei.

Dort und in den Botanischen Sammlungen, die wie das Orchideenlabor von den Gärtnern des Tropicariums betreut werden, achtet man strikt darauf, von allen Schaugewächsen und seltenen Wildarten immer ein Reservoir an Jungpflanzen zu haben.

Pflanzenberatung

Jeden Mittwoch bieten die Gärtner und Gärtnerinnen eine Pflanzenberatung an, und zwar im Haus Leonhardsbrunn (1. Stock, Besprechungszimmer). Der fachliche Rat ist stets kostenlos; wer keine Jahreskarte besitzt, muss lediglich den Eintritt in den Garten entrichten. Die Sprechstunden finden jeweils von 13 bis 16 Uhr statt. Ratsuchende Pflanzenfreunde erhalten während dieser Zeit auch telefonisch Auskunft (Rufnummer 0 69/2 12-4 42 84).

Pädagogik im Palmengarten

Bildung ist neben Forschung, kultureller Unterhaltung und Erholung eines der Hauptziele des Palmengartens. Nicht nur Stadtbewohner geraten ins Schleudern, wenn sie einzelne Pflanzen in Park oder Wald benennen sollen. Dem trägt die Grüne Schule Rechnung, indem sie Kinder, Jugendliche und Erwachsene mit der Pflanzenwelt vertraut macht.

Neue Vorschule im Grünen

Erst 2009 gegründet, wurde die Einrichtung „Kinder im Garten" bereits 2011 von der Deutschen Unesco-Kommission als Projekt der UN-Dekade „Bildung für nachhaltige Entwicklung" ausgezeichnet. Die Modellbildungsstätte in Zusammenarbeit mit den Frankfurter Kindertagesstätten ist speziell für Drei- bis Sechsjährige entwickelt worden und könnte – wie einst die Grüne Schule – selbst wieder Schule machen.

Eine für Vorschulkinder eingerichtete „Forscherstation" in Haus Leonhardsbrunn erlaubt die intensive Begegnung mit Pflanzen: in Spielecken voll anregender Materialien, in einer Küche, im eigens angelegten „Entdeckergarten" mit bepflanz-

Eine Bambus-Expedition beim Projekt „Kinder im Garten"

baren Beeten sowie bei Exkursionen in die Schauhäuser und den Park. Die ein- oder dreitägigen Kurse widmen sich je nach Wunsch Bambus, Palmen, Kletterpflanzen, Wasserpflanzen, Beeren oder Rosen. Die Kinder lernen die Merkmale der Pflanzen kennen, welche Tiere mit und von ihnen leben, wie Menschen sie nutzen und welche Konflikte dabei auftreten können. Die ganzheitliche Darstellung entspricht einer Bildung für nachhaltige Entwicklung, die auch in diesem Alter schon ökologische, ökonomische, soziale und kulturelle Aspekte vermitteln kann.

Fachlich betreut und inspiriert werden die Kleinen von einer Botanikerin, einer Erzieherin, einer Sozialpädagogin und einer Gärtnerin. Seit 2011 können sich auch nicht-städtische Kindertagesstätten zur Teilnahme anmelden. Die Anschubfinanzierung für das innovative Projekt leisteten die Deutsche Bundesstiftung Umwelt, die Stiftung Flughafen Frankfurt/Main für die Region und die Polytechnische Gesellschaft Frankfurt am Main.

Drei Jahrzehnte Grüne Schule
Gegründet wurde die Grüne Schule 1980 von dem damaligen Direktor Gustav Schoser. Sie war die erste pädagogische Einrichtung in einem botanischen Schaugarten Deutschlands. Das Konzept machte Schule, und die Frankfurter Pioniere einer „Botanik für alle" wurden bundesweit zum Vorreiter ähnlicher Einrichtungen. Inzwischen melden sich jedes Jahr rund 1.000 Gruppen mit etwa 15.000 Personen zu Füh-

Spannender Unterricht
im Tropicarium

rungen und Praktika an. Dem hauptamtlichen Gartenpädagogen stehen daher Biologiestudenten und Diplombiologen als Honorarkräfte zur Seite. Untergebracht ist die Grüne Schule im Eingangsschauhaus an der Siesmayerstraße. Sie verfügt über zwei Schulungs- und Experimentalräume. In der Gärtnerei gibt es obendrein ein Gewächshaus mit Pflanztischen speziell für Kinder.

Unterricht im Palmengarten

Das Angebot umfasst Führungen und Unterricht für alle Schulstufen und Schularten sowie Kindergärten. Auch zu Schulpraktika und mehrtägigen Workshops können sich Lehrer und Erzieher mit ihren Klassen anmelden. Ökologische Zusammenhänge werden durch praktisches Tun, durch Fühlen, Riechen, Schmecken und Beobachten erfahrbar gemacht.

Lehrerfortbildung und Unterrichtsmaterialien

Die Aus- und Fortbildung von Studierenden, Referendaren und Lehrern bildet ein weiteres Aktionsfeld. Auch hierbei werden mehrtägige Seminare angeboten. In zahlreichen Unterrichts-Materialien haben die Gartenpädagogen die umfangreiche Fachliteratur didaktisch aufbereitet.

Fortbildung in der Grünen Schule

Erwachsenenbildung und „Ökologisches Jahr"

Das pädagogische Programm der Grünen Schule richtet sich auch an Erwachsene. So können sich Einzelbesucher, Familien

Erlebnisführung im Tropicarium

oder Reisegruppen nach Anmeldung fachkundig und je nach Interesse durch Frankfurts schönste Grünanlage führen lassen. Regelmäßig laden die Pädagogen genauso wie Gärtner und Botaniker zu Vorträgen und thematischen Rundgängen durch Freiland und Schauhäuser ein. Seit 2002 gibt es im Palmengarten auch die Möglichkeit, ein „Freiwilliges Ökologisches Jahr" abzuleisten, entweder in der Grünen Schule oder in der biologischen Schädlingsbekämpfung bei den Gärtnern in den Schauhäusern.

Ferienprogramme und Kindergeburtstage

Jeden Sommer organisiert die Grüne Schule Ferienprogramme für Kinder und Jugendliche zu wechselnden Themen. Wer den Kindergeburtstag oder ein anderes Fest einmal ganz anders feiern will, kann sich ebenfalls an die Pädagogen wenden: Neben Erlebnisführungen bieten sie auch eine „Forschungsreise nach Australien" oder „Praktisches Gärtnern" an. Besonders beliebt ist eine „Kakao-Werkstatt".

Die Gesellschaft
„Freunde des Palmengartens"

Auch der Palmengarten hat einen Förderverein, der die Einrichtung unterstützt – mit Rat und Tat sowie finanziellen Zuwendungen. Die Gesellschaft „Freunde des Palmengartens", wie sich der gemeinnützige Verein nennt, ist allerdings viel älter als vergleichbare Gruppierungen, die sich in jüngster Zeit in Museen und anderen Kulturinstituten gebildet haben. Die Gesellschaft wurde 1931 gegründet, als der Palmengarten städtisch wurde (s. S. 132). Den Kern der spendenfreudigen Mitglieder bildeten dabei die vormaligen Palmengarten-Aktionäre.

Urahn der „Freunde":
Gartengründer Heinrich Siesmayer.
Die Büste steht im Palmenhaus

In den vergangenen Jahrzehnten hat der Verein den Pflanzenhort auf vielfältige Weise gefördert. Das reicht von der Mitfinanzierung großer Bauprojekte und Ausstellungen über wichtige Anschaffungen für die gärtnerische, wissenschaftliche und verwaltungstechnische Arbeit bis hin zu einem eigenen Veranstaltungsprogramm. Neben Führungen wie zur „Pflanze des Monats" laden die „Freunde" zu botanischen Vorträgen und Reiseberichten ein.

Überdies fördern sie die wissenschaftliche Arbeit im Garten. Zuschüsse für sorgsamst ausgewählte Publikationen sowie zu Fortbildung und Forschung gehören ebenfalls zu den Leistungen. Die heute mehr als 2.200 „Palmengartenfreunde" sind somit würdige Nachfolger jener einstigen Bürgerinitiative, die 1868 die Anlage begründete.

Studienreisen für Mitglieder und Schülerseminare

Alle „Freunde des Palmengartens" haben nicht nur freien Eintritt in den Park im Frankfurter Westend. Die Mitgliedschaft umfasst die Teilnahme an Ausstellungseröffnungen und dem Veranstaltungsprogramm des Vereins, den kostenlosen Bezug der zweimal jährlich erscheinenden Zeitschrift „Der Palmengarten" und eines Wandkalenders, in dem die wichtigsten Termine eines jeden Jahres verzeichnet sind. Außerdem organisiert der Verein Tages- und Studienreisen zu berühmten Gärten oder Blumenschauen.

Nicht nur für Kinder der Mitglieder, sondern für alle interessierten Schüler und Schülerinnen veranstaltet die Palmengarten-Gesellschaft regelmäßig Seminare zu ausgewählten botanischen Themen oder zu den Sonderausstellungen.

„Freunde des Palmengartens" e.V.
Palmengarten-Gesellschaft
Siesmayerstraße 63
60323 Frankfurt am Main
Telefon: 069 / 74 58 39, Fax: 069 / 75 65 92 73
E-Mail: info@palmengartengesellschaft.de
www.palmengarten-gesellschaft.de

Die Geschäftsstelle im Eingangsschauhaus Siesmayerstraße ist montags und donnerstags von 15.30 bis 17 Uhr geöffnet.

Weitere Informationen über die Mitgliedschaft und ein Antrag zur Anmeldung befinden sich auf den Seiten 161/162.

Service-Informationen

Adressen und Öffnungszeiten

Postanschrift/Auskunft

Palmengarten der Stadt Frankfurt am Main
Siesmayerstraße 61, 60323 Frankfurt am Main
Tel.: 0 69/2 12-3 66 89 und 2 12-3 39 39 sowie 2 12-3 91 11 (Programm-Ansage)
Fax: 0 69/2 12-3 78 56
E-Mail: *info.palmengarten@stadt-frankfurt.de*
www.palmengarten.de

Öffnungszeiten der Kassen und Schauhäuser*

November bis Januar:	9.00 – 16.00 Uhr
Februar bis Oktober:	9.00 – 18.00 Uhr

*Tropicarium, Palmenhaus, Subantarktishaus und Ausstellungen

Eingangskassen

• Siesmayerstraße 63
• Palmengartenstraße 11
• Zeppelinallee 18 (nur an Sonn- und Feiertagen im Sommer oder bei besucher-
starken Veranstaltungen: 10.00 – 16.00 Uhr)
Eingang durch die Drehkreuze von 6.00 – 22.00 Uhr mit Jahreskarte möglich, je-
doch nicht für Rollstühle und Kinderwagen, Ausgang nach Kassenschluss nur
durch die Drehkreuze; bei Sonderveranstaltungen: Einlass eine Stunde vor der
Veranstaltung.
Rollstühle können nach Vorlage eines Ausweises an der Kasse Siesmayerstraße
ausgeliehen werden. Um telefonische Reservierung wird gebeten.

Informationen zum aktuellen Veranstaltungsprogramm

erhalten Sie im Internet unter www.palmengarten.de und
über die Telefonansage 0 69/2 12-3 91 11.
Detaillierte Jahres- und Monats-Programme zu den Veranstaltungsreihen,
Vorträgen und Führungen sind im Palmengarten ausgelegt.

Grüne Schule Palmengarten

Führungen und Unterricht im Palmengarten für alle Schulstufen, Kinder, Erwachsene, Behinderte, zu Kindergeburtstagen und sonstigen Festen sowie Lehrer-, Re-
ferendar- und Studentenfortbildungen.
Information und Anmeldung: 0 69/2 12-3 33 91
E-Mail: *ditmar.breimhorst@stadt-frankfurt.de*
Geöffnet: Montag u. Mittwoch, 9.00 – 11.30 Uhr, Dienstag u. Donnerstag
13.00 – 16.30 Uhr

Projekt „Kinder im Garten"

Bildungseinrichtung für den Elementarbereich im Palmengarten
Tel.: 069/212-39669, www.palmengarten.de
Sitz: Haus Leonhardsbrunn, Miquelallee 4
Postanschrift: Siesmayerstraße 61, 60323 Frankfurt am Main

Pflanzenberatung

Haus Leonhardsbrunn, Besprechungszimmer, 1. Stock
(der Eintritt für den Palmengarten ist zu entrichten).
Jeden Mittwoch 13.00 – 16.00 Uhr
außer an Feiertagen
Telefon während der Beratungszeit: 0 69/2 12-4 42 84

„Freunde des Palmengartens" e.V. – Palmengarten-Gesellschaft

Gemeinnütziger Förderverein zur Unterstützung des Frankfurter Palmengartens
Siesmayerstraße 63, 60323 Frankfurt am Main
Telefon: 069/74 58 39, Fax: 069/75 65 92 73
Geöffnet: Montag und Donnerstag 15.30 – 17.00 Uhr
www.palmengarten-gesellschaft.de

Stiftung Palmengarten und Botanischer Garten

Palmengarten, Siesmayerstraße 61, 60323 Frankfurt am Main
Tel.: 069/212-39500, www.palmengarten.de
Bankverbindung: Hauck und Aufhäuser, BLZ 502 209 00, Konto 18 333 18
(Die Stiftung hat den einzigen Zweck, die beiden Gärten zu unterstützen.)

Botanischer Garten Frankfurt am Main

Siesmayerstraße 72, 60323 Frankfurt am Main
Tel.: 069/798-24763, Fax: 069/798-24835
E-Mail: *info@botanischergarten-frankfurt.de*, www.botanischergarten-frankfurt.de
Öffnungszeiten: 1. März bis 31. Oktober: Montag bis Samstag 9-18 Uhr, Sonn-
und Feiertag 9-13 Uhr

Papageno-Musiktheater im Palmengarten

Info-Telefon: 0 69/51 50 38 (das Programm liegt im Palmengarten aus)
papageno.theater@arcor.de, www.papageno-theater.de

Das Mitbringen von Hunden ist nicht gestattet

Im Interesse der Gesundheit der Vögel und Fische ist das Füttern aller
Tiere im Palmengarten untersagt. Die Tiere werden mit Spezialfutter
reichlich versorgt.
Das Betreten der Grünflächen ist nur auf der Ruhewiese und der Spielwiese erlaubt.

Gastronomie und Gesellschaftshaus

Gesellschaftshaus Palmengarten GmbH & Co. KG

Vermietungen für Kongresse, Bankette etc. im Gesellschaftshaus
Palmengartenstraße 11, 60323 Frankfurt am Main
Tel.: 069/900 29-0
E-Mail: *info@palmengarten-gastronomie.de*
www.palmengarten-gastronomie.de

Siesmayer, Café Konditorei Restaurant
Siesmayerstraße 59
Tel. 0 69/9 00 29-2 00
info@palmengarten-gastronomie.de, www.palmengarten-gastronomie.de

Lafleur, Restaurant
Palmengartenstraße 11
Tel.: 069/ 900 29 –100 (Reservierungen)
info@palmengarten-gastronomie.de, www.palmengarten-gastronomie.de

Villa Leonhardi, Café Restaurant
Zeppelinallee 18
Tel.: 0 69/7 89 88 47, Fax: 0 69/78 98 84 88
info@villa-leonhardi.de, www.villa-leonhardi.de

Shop im Palmengarten/Eingangsschauhaus
Siesmayerstraße 63
Geöffnet zu den Öffnungszeiten des Gartens
Tel.: 0 69/7 41 14 65

KiKo-Kinderkiosk am Wasserspielplatz
Mai bis September 10.00 bis 18.00 Uhr
(im April und Oktober je nach Wetter an den Wochenenden)

Wegweiser zum Palmengarten

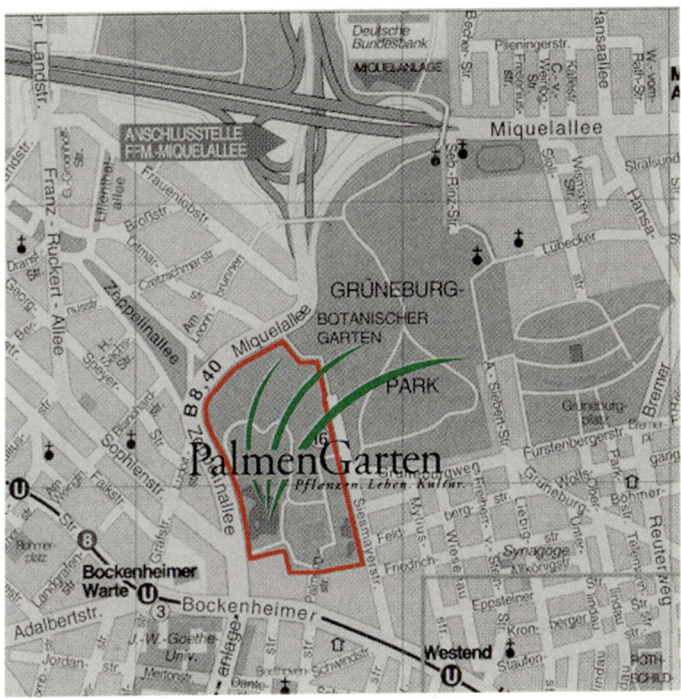

RMV
Eingang Siesmayerstraße: U6, U7 Station Westend, Buslinie 36 Palmengarten
Eingang Palmengartenstraße: U4, U6, U7 Station Bockenheimer Warte;
Buslinien 32, 50 und 75, Straßenbahn-Linie 16

Auto
Anschlussstelle Miquelallee, Bockenheimer Landstraße/Siesmayerstraße
Parkmöglichkeit Tiefgarage unter dem Eingangsschauhaus Siesmayerstraße 63

Reisebusse
Parkplatz Siesmayerstraße und Zeppelinallee

Stand August 2012/Änderungen vorbehalten

Lieferbare Publikationen des Palmengartens

Zeitschrift DER PALMENGARTEN
Seit 1994 erscheinen jährlich 2 Hefte
Jahresabonnement   10,00 €
Einzelbezug   5,00 €

Sonderhefte

Nr. 12: Wein	2,00 €
Nr. 13: Von Iguazú bis Feuerland	3,00 €
Nr. 16: Neukaledonien – Pflanzenwelt einer Pazifikinsel	5,00 €
Nr. 17: Samoa – Ein vergessenes Urwaldparadies	5,00 €
Nr. 18: Faserpflanzen	5,00 €
Nr. 20: Parkbäume aus Nordamerika	5,00 €
Nr. 22: Pflanzen- und Tierwelt der Galápagos-Inseln – deutsch	10,00 €
Nr. 22: Pflanzen- und Tierwelt der Galápagos-Inseln – spanisch	10,00 €
Nr. 24: Alles was fliegt – in Natur, Technik und Kunst	10,00 €
Nr. 26: Gentechnik – Chancen und Risiken	6,00 €
Nr. 27: Die Pampa – Das Herz Argentiniens	6,00 €
Nr. 28: Gondwana – Die Pflanzenwelt von Australien und ihr Ursprung	6,00 €
Nr. 29: Goethe und die Pflanzenwelt	8,00 €
Nr. 30: Von Ananas bis Zimt – Tropische Nutzpflanzen	6,00 €
Nr. 33: Xylem und Phloem – Natur- und Kulturgeschichte des Holzes	8,00 €
Nr. 34: Sacha Runa – Menschen im Regenwald Ecuadors	8,00 €
Nr. 35: Grünes Gold – Abenteuer Pflanzenjagd	8,00 €
Nr. 36: Korn – Brot, Getreide, Gräser	8,00 €
Nr. 37: Australis – Lebensräume in Australien	8,00 €
Nr. 38: Druidenfuß und Hexensessel – Magische Pflanzen	8,00 €
Nr. 39: Orchideen – Juwelen der Pflanzenwelt	8,00 €
Nr. 40: Pyramiden – Häuser für die Ewigkeit	8,00 €
Nr. 41: Pflanzen und Menschen in Südwestchina	8,00 €
Nr. 42: Farbe in der Natur	8,00 €
Nr. 43: Tausend und ein Öl	8,00 €
Nr. 44: Gut gewürzt	8,00 €

Bücher:

Sabine Börchers, „Das Gesellschaftshaus im Palmengarten" (2012), Societäts-Verlag Frankfurt   29,80 €

Beate Taudte-Repp, „Der Palmengarten. Ein Führer durch Frankfurts
grüne Oase" (3. Auflage 2012), Societäts-Verlag – Frankfurt   12,80 €

Gustav Schoser, „Eine Welt der Pflanzen – Palmengarten Frankfurt –
A World of Plants"; herausgegeben von der Gesellschaft
„Freunde des Palmengartens" (1996)   18,00 €

Paphiopedilum. Ikonographie mit Orchideentafeln von Gisela Gräser
und einem Begleitheft von Stephan Schneckenburger
(Kassette mit 102 Tafeln)   180,00 €

Palmarum Hortus Francofortensis (PHF)
(Wissenschaftliche Berichte)

PHF 1: S. Schneckenburger: „Embryogenese
und Keimung von Gymnospermen"   10,00 €
PHF 2: K.U. Leistikow: „Entwicklungsgeschichte
der Pflanzen"   10,00 €
PHF 3: G. Zizka: „Flowering plants of Easter Island"   10,00 €
PHF 4: D. Lüpnitz und M. Kretschmar:
„Standortökologie von *Phoenix canariensis*"   5,00 €
PHF 5: F. Kockel: „Mark-Anatomie megaphyller
Gymnospermen"   5,00 €
PHF 6: P. Gleissner: „Verzweigungsmuster von Laub-
bäumen", V. Genenz, T. Speck, F. Brüchert, G. Becker:
„Starkastbruch bei *Populus* x *canandensis*"   10,00 €
PHF 7: Abstracts of the 16th International Symposium
„Biodiversity and Evolutionary Biology"   10,00 €

Informationsmaterial der Grünen Schule:
Tropische Schmetterlinge im Palmengarten (2. Auflage)   4,50 €
Kinderführer Schmetterlinge   4,50 €
Kinderführer Farbe   4,50 €

Bestellmöglichkeiten für alle Publikationen:
Schriftliche Bestellungen an: Palmengarten Frankfurt, Abteilung 74.14, Siesmay-
erstraße 61, 60323 Frankfurt am Main; per E-Mail: *info@palmengarten.de*, per
Fax: 069/212-37856.
Die Publikationen (Preise inklusive Mehrwertsteuer) werden mit Rechnung zu-
züglich Versandkosten verschickt. Briefmarken gelten nicht als Zahlungsmittel.

Bildnachweis

Hilke Steinecke: Cover (Palme), S. 15, 17, 18, 19, 21, 22, 24, 25, 32, 41, 44, 46, 47, 49, 53, 54, 55, 60, 61, 62, 64, 66, 68, 70, 73, 74, 75, 76, 80, 81, 84, 86, 88, 94, 95 (u.), 97, 105, 112, 114, 115, 116, 121, 124

Beate Taudte-Repp: S. 2, 9, 10/11, 13, 26, 27, 31, 39, 40, 48, 50, 51, 58, 59, 67, 87, 89, 91, 93, 95 (o.), 98, 99, 100, 102, 103, 104, 108, 113, 118, 123, 140, 141, 143, 144, 164/165

Johann Kempf: S. 16, 28, 29, 63, 69, 71, 72, 77, 79, 82, 83, 110/111, 128/129, 142, 150

Weitere Fotos/Abbildungen: Palmengarten/Archiv (Gartenplan, S. 12, 33, 36, 37, 117, 119, 122, 130, 131, 132, 135, 139, 157), Grüne Schule/Kinder im Garten (S. 120, 146, 147, 148, 149), Botanischer Garten/Manfred Wessel (S. 14, 136, 137, 138), Sven Nürnberger (S. 42, 43, 56, 106), Beate Vaupel (S. 7, 91, 152/153), Annika, Baier (S. 52, 78), Helmut Fricke (134), Sammlung Peter Petri (S. 34)

Danksagung

Auch die dritte Auflage dieses Gartenführers wäre ohne die vielfältigen Anmerkungen und Auskünfte der Palmengarten-Mitarbeiter nicht zustande gekommen. Geduldig haben sie wieder alle Fragen beantwortet. Die Autorin dankt Dr. Matthias Jenny vor allem für seinen Zuspruch, Dr. Clemens Bayer fürs Gegenlesen neuer Textteile, ebenso Sebastian Klimek, Andrea Müller und Karin Wittstock für Hinweise und Informationen. Gedankt sei natürlich auch allen Gärtnern, die über Neuheiten in ihren Revieren berichteten. Ein besonderer Dank gilt Dr. Hilke Steinecke, die engagiert wie immer auch die Mehrzahl der neuen Fotografien beigesteuert hat. Martina Jacobi hat wieder so flink wie freundlich Auskunft über unzählige neue botanische Namen und Familienverhältnisse einzelner Arten gegeben. In ihrem Büro hoch oben unterm Dach scheint sie mit allen Pflanzen drunten im Garten wie mit unsichtbaren Wurzeln verbunden zu sein. Nicht zur Palmengarten-Crew gehört die französische Künstlerin und Grafikerin Agathe Avène, die jenseits aller bürokratischen Dienstwege die neue Karte des Tropicariums auf S. 65 gestaltet hat – als Freundschaftsdienst für die Autorin. Und für den Garten.

Sie können den Palmengarten fördern in der Palmengarten-Gesellschaft

Anmeldung / Mitgliedschaftsantrag
Freunde des Palmengartens e. V.
Palmengarten-Gesellschaft

Beitragssatz (**kalenderjährlich**) ab 01.01.2012 pro Jahr

- ☐ Mitgliedschaft als Einzelmitglied — 65,- €
- ☐ Zusatz-/Familien-Mitgliedschaft als (Ehe-/Lebens-)Partner/in (inkl. Beikarte) — 25,- €
- ☐ Zusatz-/Familien-Mitgliedschaft als Kind (6-18 Jahre, inkl. Beikarte) — 10,- €
- ☐ Ermäßigte Mitgliedschaft (Studenten / Auszubildende / Dienstleistende) — 35,- €
- ☐ Förderndes Mitglied — 500,- €
- ☐ Förderndes Mitglied + 2 Codekarten — 800,- €
- ☐ Förderndes Mitglied + 5 Codekarten — 1.000,- €
- ☐ Lebenslange Mitgliedschaft (30facher Jahresbeitrag) — 1.950,- €

_____

Name / Vorname / Geburtsdatum (bzw. Firma/Institution)

_____

Straße / Hausnummer

_____

Postleitzahl / Ort

_____

Telefon-Nummer / E-Mail (wenn vorhanden)

_____

Ort / Datum / Unterschrift

Aktiv für den Palmengarten

Freunde des Palmengartens e. V.
Palmengarten-Gesellschaft

Siesmayerstraße 63, 60323 Frankfurt,
Tel. 069 - 74 58 39 / Fax 069 - 75 65 92 73
Geschäftszeiten:
Montag und Donnerstag
von 15.30 Uhr bis 17.00 Uhr

Eingetragen im Vereinsregister des
Amtsgerichts Frankfurt am Main unter der Nr. VR 5031.

Bankverbindung: Postbank Frankfurt,
Konto-Nr. 275 75 605, BLZ 500 100 60

Zusatz-/Familien-Mitgliedschaften

☐ **Kind/er** (à 10 € Jahres-Beitrag)

Name / Vorname / Geburtsdatum

Name / Vorname / Geburtsdatum

☐ **(Ehe-/Lebens-)Partner/in** (25 € Jahres-Beitrag)

Name / Vorname / Geburtsdatum

Straße / Hausnummer

Postleitzahl / Ort

Telefon-Nummer / E-Mail (wenn vorhanden)

palmengarten-gesellschaft.de

Miquelallee

15

Kiosk

Spielwiese

Wasserspielplatz

Großer Spielplatz

14

16

Staudengarten

Blütenhaus 13

Steppe

17

18

Siesmayerstraße

Aripuca

19

Tropicarium
Feuchte Tropen

11

12

20

Heidegarten

19

Tropicarium
Trockene Tropen

Steingarten

Oktogonbrunnen

Zeppelinallee

Ruhewiese

Rosengarten

P

9

1

36

Rhododendrongarten

Bootsweiher

Galerien

8   8

2

Palmenhaus

7

3

21

Kleiner
Spielplatz

10

5

Gesellschaftshaus
mit Restaurant

6

Kleiner Weiher

4

Blumen

Parterre

4

Palmengartenstraße

U4 U6 U7 33 Bockenheimer Landstraße

PalmenGarten
Pflanzen. Leben. Kultur.

1. Eingang Siesmayerstraße
   Eingangsschauhaus
   Grüne Schule
   Siesmayersaal
   Entrance Siesmayerstraße
   Green school
   Siesmayer conference room

2. Direktion und Verwaltung
   Administration

3. Café

4. Musikpavillon
   Music Pavilion

5. Eingang am Gesellschaftshaus + Shop
   Entrance Palmengartenstraße + Shop

6. Gesellschaftshaus
   mit Restaurant
   Gesellschaftshaus
   restaurant, conference facilities

7. Palmenhaus
   Palm House

8. Ausstellungsgalerien
   Exhibition Galleries

9. Haus Rosenbrunn

10. Papageno-Theater

11. Eingang Zeppelinallee
    Entrance Zeppelinallee

12. Villa Leonhardi

13. Blütenhaus
    Floral Display

14. Gärtnerei, Betriebsgebäude
    nicht öffentlich
    Nursery staff only

15. Haus Leonhardsbrunn

16. Subantarktishaus
    Subantarctic House

17. Botanische Sammlung
    nicht öffentlich
    Botanic Collection, staff only

18. Goethegarten
    Goethe Garden

19. Tropicarium
    Trockene Tropen
    Feuchte Tropen
    Tropicarium
    dry tropics, moist tropics

20. Kakteen- und Fuchsiengarten
    nur im Sommer
    Cacti and Fuchsia Gardens
    summer only

21. Bahnhof Palmenexpress
    Station Palmenexpress

✳ Drehkreuz, Aus- und Eingang
  Turnstile, entrance/exit

✳ Drehkreuz, Ausgang
  für Rollstühle und Kinderwagen
  Turnstile, exit for wheelchairs

🚃 Haltestelle Palmenexpress
  Palmenexpress trainstop

🍴 Gastronomie

🚻 Toiletten
  Toilets

♿ Toiletten, rollstuhlgeeignet
  Toilets, wheelchairable

⬆ Eingangskasse
  Entrance

Stichwort-Register